"**Needs + Solution +
Differentiation + Benefits**"

四步驟打破創新盲點，
創造高價值新思維！

Foreword 推薦序

（按姓名筆劃排序）

李世光 博士
（國立台灣大學終身特聘教授、工研院暨資策會董事長，前經濟部長）

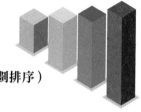

　　「NSDB」這個概念就如本書中所說，是由前工研院院長李鍾熙先生於 2005 年和眾人討論後所引導出來的想法，當時工研院處境與現在的台灣一樣，面臨一步步轉型的階段，從過去的硬體文化來看，許多人會存有錯誤認知，以為只要將技術面做好，其餘的問題都會一併解決。沒錯，這樣的觀念確實成為台灣在過往年代的工業競爭力來源，但隨著產業變遷，我們必須具備更有效率的方法，而由 SRI（Stanford Research Institute）課程內化成形的「NSDB」觀念便因應而生。

　　透過 NSDB 這個過程，我們得以從客戶角度來察覺真正的問題和重點所在，由需求分析反推自己該做什麼、適合做什麼。雖然這是 2005 年提出的概念，但在不斷嘗試和實踐後，已獲得許多實證案例，是一個有效且能快速讓企業／組織在心態和看法上做轉型的重要方法。

　　關於這本書的作者王教授，我們曾是工研院的同事，當年他甫從美國回來就擔任工研院產業學院執行長，我便知道他一定是個不可多得的人才，畢竟要從學術界的身分快速轉換、適應工研院生活實屬不易，一方面

須對外推動許多相關課程，同時要強化輔導與教育受訓。而後他又投身產業界、教育界，不論什麼角色，他都扮演得恰如其分，甚至在近幾年陸續出版了幾本著作，內容無不是將他的學術專業融合實踐經驗分享給更多莘莘學子，尤其是這一本《為什麼你的點子賺不了錢？》將所有菁華全都濃縮在書本文字上，用字精簡，案例簡單有共鳴，我想這樣無私的精神是很值得我們學習的。

　　台灣的產業如今面臨基礎面的轉型，過去輝煌的代工時期，我們獲得到不錯的利潤，可惜這些紅利終將用罄，如今那些曾經架構我們經濟起飛的因子與時空背景不復存在，即便有也被全球少數龍頭企業瓜分，因此我們必須思考如何轉型，從紅海到藍海，架構起一個新的商業模式，一步一步成長！

Foreword 推薦序

（按姓名筆劃排序）

李鍾熙 博士
（台灣生物產業發展協會理事長／前工研院院長）

　　我們常看到台灣在許多國際發明或設計競賽上屢獲大獎，但最後能成功商業化者，寥寥無幾，這麼多好點子卻賺不了錢，為什麼？而近十年來台灣舉國上下拼創新，卻仍落得薪資低迷、經濟不前，這又是什麼原因？

　　因為我們只重視「創新」，卻忽略了「創造價值」；我們更缺乏創造「高價值」的方法和能力。這本書就是告訴我們如何從創新邁向高價值創造。

　　一個再好的點子、再優秀的技術，如果它們不符合社會和市場的需要，那就不會有價值，再好的發明也只是白費功夫。因此，「創新」不一定能創造出高價值。想要創造高價值，首先必須洞悉顧客內心所想，深入了解市場需求（Needs）；接著針對市場需求，提出實際可行的解決方案（Solution）；同時要設法讓這方案具有足夠的差異化（Differentiation），使其與眾不同，令競爭者無法仿冒。最後則是要有適當的營運模式，使效益（Benefits）最大化，並且可以回收到創新者──這就是這本書所闡述的「NSDB」創造價值的四要素。好點子以這四個要素連結起來，才會產生高價值，也才能賺得到錢。

　　再從 NSDB 來看看台灣產業競爭力的瓶頸。台灣人通常最習慣也最擅長的就是 "S"，提供一個解決方案，卻往往忽略了需求 "N"，就好像台灣

學生很會答題，卻不會出題一樣，洞察需求才會出題目，這是普遍缺乏的能力；其次，我們提出的解決方案又常常沒有太大的差異化 "D"，那就沒有優勢，價值不高；此外，也常常缺少一個創新的營運模式去把效益 "B" 最大化，並且有效地把利益回收回來。舉例來說，台灣最擅長的代工，就多是倚賴客戶出題，而提供無太大差異化的解決方案，因而往往落入殺價競爭的紅海。運用 NSDB 的方法，才能創造高價值，讓台灣薪資水準提高。

本書作者王鳳奎教授，是十多年前我擔任工研院院長時，延攬回國的海外歸國學人。當時為了培訓產業人才、縮小產學落差，乃成立了工研院產業學院。在一、二十年前的台灣，懂得教學科技（instructional technology）的人很少，當時在美國任教的王鳳奎博士是少數的專家，加上他豐富的教學實務經驗，因此延聘他回台擔任產業學院執行長，我們因而結緣。

我與王鳳奎教授既是同事，也是好友，除了工作之外，我們也時常一起討論，相互分享切磋。王鳳奎教授是個勇於接受挑戰、對於新事物積極學習的人，他熱情與真誠的特質令我印象深刻。當年他毅然決然放下美國的工作，回台接受新工作的挑戰；在產業學院他推出全新品牌及學程，都極具前瞻眼光及開創性。

本書所闡述的這套 NSDB 價值創造方法，就是我們在工研院時，參考美國 SRI 研究院院長 Curt Carlson 的 NABC 概念，並針對台灣特色及需求，所共同構想討論出來的。他能不斷地實踐運用，並將其出書發表，相信不但可以幫助很多發明家、創業家、經營者，更可以讓很多人運用在工作、生活、人際關係、職場事業等方面，讓一切都更有價值，一輩子受益無窮。

Foreword 推薦序

（按姓名筆劃排序）

張平沼 總裁（燿華企業集團）

說起我是怎麼認識王教授這個人呢……

王鳳奎教授曾任職於工研院，我也是在那個時期，因緣際會認識了他。當然，後來他又成立了企業經營管理協會（擔任理事長職務），而我太太剛好是理事之一，所以就有了更多接觸的機會；之後，我的公司因為需要獨立董事，在審慎思考下，我想到他不僅是名有學問的學者，更是個對企業管理實務經驗老到的人，便認定他是獨立董事的不二人選，邀請他接任這個職位。

回顧我與王教授的友誼，從剛認識時的點頭之交，變成因為演講等活動而頻繁互動的夥伴，到現在無所不談的好友，當我們的關係愈來愈熟稔，我也便愈清楚他正直的為人、與他樂於分享專業的精神，所以在聽聞他打算出書的想法時，才義不容辭地答應了他，寫下這一篇推薦序。

可以這麼說，王教授是個「非常直爽」的人，每次開董事會時，就屬他的問題最多，你可以說他「不留情面」，但在我看來，他所說的每一句話皆為具建設性的批評，因此在這一問一答的討論中，往往可以找出實質

改善方法，而非空口說白話而已。他不像一般人眼中的學者只專精於理論面，反而會將這些理論實際應用在產業界中，具有實踐精神，所以由他撰寫這樣的一本書，我想是再適合不過了。

　　這本書將「N-S-D-B」這個循環概念說得非常清楚明白，教導有志於創業的年輕人、有積極抱負的企業主管等，透過市場分析確認市場需求，找到令消費者「動心」的關鍵點，而不只是自己做得「開心」就好，到頭來徒勞無功、發現自己白費工夫才欲哭無淚；知道消費者需要什麼、為什麼有這類需要以後，便可以再進行差異分析，並從差異中，找出自己最有優勢產品／服務，這對一間企業的管理來說是非常有幫助的；另外，這本書中亦告訴我們如何針對不同產業、情境來分析，才能對症下藥找出最合適的解決方案，並從中獲取利潤和產業效益。

　　本書除了適合給大公司的高階幹部閱讀以外，更適合給中小企業主作為參考依據，我認為一般中小企業可以根據這本書的內容，好好思考、找出「為什麼別人生意總比我好」的原因，並發揮自己獨一無二、又得顧客喜歡的優勢，藉此打敗競爭者，讓你的「點子」發光發熱！

Foreword 推薦序

（按姓名筆劃排序）

張進福 博士

（前科技政委兼工研院董事長）

....

　　過去幾年來，台灣似乎進入了一個「全民瘋創業」的熱潮當中，許多人懷抱夢想、熱忱，一股腦地投入其中，甚至將獨角獸企業做為目標（成立不到 10 年但估值 10 億美元的企業）。但創業真有那麼簡單嗎？身在這塊土地上的我，當然也希望台灣能出現如此成功的案例，可惜獨角獸始終稀有，台灣目前看來還尚未出現。

　　我在行政院擔任政務委員時，短暫兼任一年四個月的工研院董事長，就此認識了本書的作者王鳳奎教授（時任產業學院執行長）。當時的產業學院不僅對外開授了許多有助益的課程，對內而言，也是工研院內部非常重要的部門，所以對他的專業能力與積極態度都印象深刻，剛好我自己近一兩年使用臉書比較頻繁，常會看到王教授分享一些看法或資訊，也因此得知他準備出版第三本書，彼此交換一些觀點，才促成這篇推薦序。

　　創業是當下顯學，但如何成功創業，卻始終是一大難題。《為什麼你的點子賺不了錢》這個書名不僅 Eye-catching（吸睛），更一語道破許多創業者的心聲，點出他們在創新創業時，未能體認到「賺錢」是「創業」和「興趣」兩者最大的差別，只專注於滿足自己的發想成果，卻忽視要如

何將其轉換成利潤，到最後不管是好點子、時間、金錢還是熱情都被浪費掉了，實在可惜。而本書透過四個觀點——需求、方案、差異化、利益，告訴讀者如何找出自己創業的核心價值，從市場需求來確認點子的是否具有實踐的意義，並透過其衍生解決方案，做到差異化的結果，達成目標，甚至衍生出如書中舉例的 iPod 和 iTunes 那樣獨有的商業模式（Business Model），持續獲利，最後成就了 Apple 的壯闊江山，我認為這樣的概念應該讓更多人理解，如此一來創業的過程方能更理性務實且更有效率。

或許對一些創業者而言，在看完這本書後，會覺得自己被大大潑了一盆冷水，但我認為這是個必要的過程，讓創業從盲目選擇，轉變為審慎思考後的決定。在這個「人人有機會，個個沒把握」的時代，我們可以敬佩諸如 Uber 或 Airbnb 這些獨角獸企業、新創巨人，但不能光看他們表面的成功，而忽視其特殊的時空背景及在創業時背負的龐大風險，我認為在台灣醉心創業者或可先追求好的發明，讓這些巨人看見，覺得有可能成為威脅，趕緊買下吃下，才是更實際的做法。

王鳳奎教授將創業教練（coaching）當作志業的精神，令人欽佩，希望翻閱本書的每位讀者，也都可以從這本書中細細品嘗，在創新創業這條艱辛崎嶇的路上，能更順利、更有動力地走下去。

Preface 作者序

「教授，你怎麼會想出這樣一本書呢？」、「NSDB 到底是什麼呀？」許多我週遭的朋友、學生，在得知我即將出版的第三本書主題時，都提出了這個疑問。

沒錯，對很多人來說，「價值創造」與「NSDB」是個陌生的名詞或觀念，也很難與時下流行的「創新」與「創業」連結在一起，就是因為如此，我才希望出這本書讓更多人了解它們、應用它們。

時間回到 2004 年 9 月，那時我被工研院延攬至產業學院擔任首任執行長，在任職三個月後，我們經營團隊的主管分兩梯次到美國 Stanford Research Institute（以下簡稱 SRI）接受「價值創造」的訓練課程。我仍清楚記得自己是第二梯次的成員，由當時的副院長帶隊。我們一群約二十位的高階主管在那段期間對工研院成立的宗旨與使命有著激烈討論，畢竟工研院身為台灣產業創新的火車頭，那時平均每天產出三項專利，擁有龐大研發資源，因此，弄懂組織的目標與方向至關重要。在那個課程，我首次學到「價值主張」這個概念，而 SRI 教了我們以「NABC」這個架構去打造創新構想的價值主張：

「根據市場與顧客需求（Need），提出我們強而有力的技術方法或途徑（Approach）以滿足需求，並讓顧客獲得較好的效益（Benefits），相較於競爭對手或其他選項（Competition）。」

這兩梯次訓練課程結束後，我們便在工研院南分院召開策略會議，討論工研院該如何引進價值創造的方法跟思維，為此，時任的院長——李鍾熙博士，便授命我與 SRI 聯絡人協商有關創造課程的引進與內化，只是最後因授權條件想法有落差，才決定由我們自己內部來設計課程及發展教材。身為產業學院執行長，我便開始負責整套課程的開發工作。同時在李鍾熙院長主導下，工研院於 2005 年開始進行成立以來最大規模的組織調整，即以「價值創造」為組織變革的核心，李院長並提出了「NSDB」，作為工研院高價值創造的架構與模式。

> 「提出洞悉市場需求（Needs）的解決方案（Solution），並透過與競爭對手的差異化（Differentiation），為顧客創造最大的效益（Benefits）。」

　　那也是我第一次體認到，原來工研院的使命並不是在「創造新科技」，而是致力於「幫助台灣產業創造新價值」才對。為了配合組織變革的需要，我便根據 NSDB 架構開發了一套創新的方法論，當時工研院的員工都得上這門課程，且於工研院內加以應用，成為工研院所有創新作為的共通語言與方法。而後我離開工研院，投身產業界，2012 年又從產業界再次回學術界後，這才正式開始更普級性地推廣 NSDB 這套方法論。

截止至今我至少去過 100 個企業／機構／場合傳授過 NSDB 方法論，在此推廣過程，NSDB 的內容也不斷地精進。從 2014 年開始，我也用此方法論輔導新創事業，獲得不錯成果，這些種種都成為了我今日決定要將此方法論出版成書的原因，一方面希望能擴大 NSDB 成效，一方面也希望有朝一日，NSDB 可以像持續改善領域著名的 PDCA 一樣，讓每個想以點子賺大錢的人，對 NSDB 都能琅琅上口、輕鬆上手。

本書欲讓讀者閱讀起來更好理解、更有共鳴，所以用心舉了幾個案例，這些案例看似過時，其實它們都有其特殊用意。

例如第一個案例——全溫層物流案例，這是工研院的第一個經濟部支持的服務型科技專案計畫，此計畫所研發出來的系統技術在全世界低溫物流領域首屈一指，之後在低溫物流產業持續創造出非常顯著的價值，是突破性創新技術的典範。

第二個小筆電（Eee PC）的案例，則是台灣廠商第一個自己主導技術規格的筆電產品，而且在市場獲得相當的成功。但就技術本身而言，Eee PC 仍未脫離台灣筆電產業原先擅長的漸進式技術創新，因此，後來當蘋果公司（Apple）推出觸控式平板電腦（iPad）後，小筆電市場馬上就被顛覆了，這意味著台灣擅長降低成本（Cost Down）的漸進式創新，因為技術門檻不高，很容易被競爭對手取代或超越，就價值創造的程度而言是往往不夠的，這是為什麼我要推動高價值創造的創新方法。

第三個案例是 iPod 與 iTunes 結合的革命式創新，其實光看 iPod 產品本身，並不難發現它其實也是漸進式技術創新的成果而已，對市場能創造的價值是有限的，但因為它結合了 iTunes 的商業模式創新，才能創造出讓 Apple 起死回生的革命式創新，而「iPod+iTunes」的組合，更開啟後來「硬體＋平台」的商業模式風潮，包含「iPhone+App Store」。

　　最後，我想特別感謝一些人，因為若沒有他們的幫助，這本書就無法順利付梓。我想感謝工研院全溫層物流計畫主持人郭儒家先生，非常謝謝他無私的分享；再來要感謝在工研院任職的課程設計助理劉雯中博士、還有我在文化大學任教的博士後研究生高崑銘博士，以及所有當時幫忙我、協助我整理案例資料及課程教材的同事，辛苦你們了；當然最重要的，還是謝謝 NSDB 架構創始人李鍾熙博士，無論是對本書還是對台灣產業的實質貢獻，我都覺得感激萬分。也因此才會帶著這樣的心情，希望幫助那些對於創新有興趣的人，能更有方向、有方法地去實現他們的創新或創業夢想。

　　願本書能成為你的指引，讓你獨一無二的點子發光發熱、賺大錢！

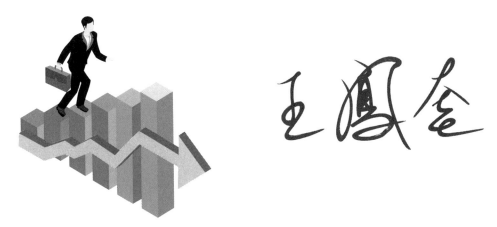

Contents 目錄

（依姓名筆劃排序）

◆推薦序 1──李世光博士 /002　　◆推薦序 2──李鍾熙博士 /004
◆推薦序 3──張平沼總裁 /006　　◆推薦序 4──張進福博士 /008
◆作者序 /010

1 / 為什麼我的點子賺不了錢？
── 創新需要令人心動的 **價值主張**　　　　　　　　　/017

2 / 如何想出解決問題的絕妙點子？
── 學會利用「**NSDB**」價值主張　　　　　　　　　/035

3 / 「**NSDB**」真的能幫我找出好點子嗎？
── 從「**全溫層物流服務系統**」案例分析來了解　　/053

4 / 好點子都躲在哪裡呀？
── 創新商機藏在未被滿足的 **顧客需求中**　　　　　/069

5 / 開始分析你的點子是否可行吧！
── 需求為創新之母，學會如何進行 **需求分析**　　　/083

6/ 顧客要的，其實沒有你想的那麼複雜？
— **創新**！創新就是滿足顧客需求的最佳方案！ /101

7/ 集眾人的力量，來為創新撒下一顆顆種子！
—創新溝通（一）：試試「**腦力激盪法**」 /127

8/ 速度戰正式開始，創意的世界分秒必爭！
—創新溝通（二）：你該懂得「**快速雛形法**」 /145

9/ 獨一無二、與眾不同的創新，才有存在價值！ /163
—建立具競爭優勢的 **差異化** (Differentiation)

10/ 繞了一大圈回來，最重要的還是「效益」！
—高價值創造的 **效益** (Benefits) /183

11/ 有創業念頭的你不能不知道！ /201
— **NSDB** 在新創事業的應用

◆**附錄** 進一步閱讀的參考文獻 /232

Chapter 1

為什麼我的點子賺不了錢？
——創新需要令人心動的
價值主張

Chapter 1

為什麼我的點子賺不了錢？
——創新需要令人心動的
價值主張

　　小王是台灣頂尖大學的資訊工程系畢業生，一畢業就被網羅到一家資訊大廠擔任研發工程師，在 H 公司 20 年的時間，見證 H 公司由一家電腦零件的代工製造商轉型為電腦產品的品牌提供商，小王的角色也從單純的技術研發者轉為技術整合者，職務變成筆電產品研發經理。

　　由於 H 公司原先致力的核心顧客價值在於「生產」與「提供顧客平價優質的電腦產品」，公司擅長的是控制生產成本的經營模式，但面對競爭愈趨激烈的全球市場，公司的利潤也不斷被壓縮到難以生存，公司為求永續發展必須不斷創新轉型，以提升公司的競爭力。

　　因為部門績效優異，小王此時被賦予更重大的責任——升任為創新研發處長，公司希望他的部門成為公司創新的領頭羊，開發出更多突破既有市場的產品。但如何創新對技術出身的小王來說是一項巨大的挑戰，於是他決定到台灣產業創新的火車頭——工業技術研究院來好好取經。

　　在現今瞬息萬變的世界中，唯有「變」才是企業生存的不變法則，「不創新、便死亡」已成為每個企業的經營格言，縱使百年老店也可能因為不夠創新而一夕倒塌。但是企業何以永續存在？簡單來說，企業存在的目的就是要能創造顧客價值與企業價值，如同已故的哈佛大學行銷管理名師 Ted Levitt 所言：「企業管理絕不能認為企業是在提供顧客產品，而是必須認為企業是在為顧客創造價值滿意度。它必須盡全力將這種想法推向及落實在組織的每個角落。」這句話點出企業存在的使命就是提供「顧客價值的滿意度」，企業管理的重點就是落實這個使命。這句話同時說明企業創新的目的不是創造新的技術、產品、服務或甚至品牌，而是**創造新的「顧客價值」，或將顧客價值極大化。**

　　企業必須理解，技術、產品、服務或品牌只是傳送顧客價值的載具，再前瞻的技術、再美好的產品、再精緻的服務，或是再知名的品牌，顧客若「感受不到其價值」，就不會掏錢購買，即使以再便宜的價格買來沒有價值的產品也是浪費。如果顧客願意購買，企業才會有營收，才能負擔企業經營成本，因而創造企業價值，企業股東也才能持續投資企業，提供更高的顧客價值滿意度給顧客，如此才能如圖一所示，形成企業與顧客的正向價值創造循環。

[圖一：企業與顧客的正向價值創造循環]

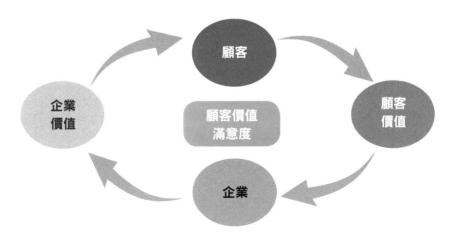

⌛ 那麼「顧客價值」要如何達到極大化呢？

　　簡單而言，顧客價值是顧客的投資報酬率，也就是顧客使用產品或接受服務後所產生的效益除以他們付出的成本（價格）。創造顧客價值就是儘量將顧客效益極大化及將顧客成本極小化。要注意的是顧客付出成本可以精密地計算，但是顧客獲得效益主要是靠感覺的，也就是「顧客滿意度」，即使是注重「性價比」的科技產品顧客，最後決定掏錢與否往往是來自服務或品牌的情感因素。所以效益是顧客所能感受產品或服務產生的好處，感受的好處愈多，滿意度愈高，效益愈佳。

$$顧客價值 = \frac{動機效益（靠感覺）}{動機成本（可估算）}$$

　　企業若要創造顧客價值，一方面可以降低顧客成本，另一方面可以增加顧客效益。

　　顧客成本可以區分為交易前的搜尋成本，包含時間及心力；交易中的取得成本，包含交易價格、時間及心力，以及交易後的使用成本包含產品操作、維護、回收及丟棄。而顧客效益代表的是對顧客需求被滿足的程度，滿足的程度愈高，效益就愈大。

　　同樣地，**顧客效益**可以區分為交易前的期望效益，包含對產品或服務品質的要求；交易中的交易效益，包含廠商形象、交易服務及顧客體驗，以及交易後的使用效益，包含產品效能及售後服務。

　　由於產品及製造成本是可以精密地計算，成本及品質的魔鬼又往往藏於製程的細節中，**因此管控及技術是能降低成本又能保證品質的主要驅動因子**（Driver）。而效益偏重於需求滿足的感覺，心理因素往往主導顧客的滿意度，**行銷與服務便成為增加效益的主要驅動因子**。

　　因為顧客價值通常是顧客主觀認定的，也就是憑感覺，代表每個顧客心中都有一把判斷價值的尺，判斷的標準不是產品或服務本身，也不是產品或服務的特性，而是這些特性對滿足顧客需求的程度，也就是顧客感覺的滿意度。按照馬斯洛（Maslow）需求層次理論，人類有「生理、安全、愛與歸屬、受尊重與自我實現」等五種層次的需求，愈能滿足上層的心理感覺需求，顧客似乎願意付出愈高的價格。

　　顧客的感覺效益主宰顧客價值，舉例而言，到王品牛排用餐是享受「顧客永遠是對的，不分等級，每位客人都是 VIP」的感覺；在義大利，每個人平均擁有六隻 Swatch 手錶，Swatch 的顧客可以根據每天不同的穿著或心情，做不同的搭配，呈現不同的感覺，因此 Swatch 手錶不再只是計時的工具，對顧客而言變成是時尚感覺的配件。同樣都是皮鞋，義大利製的 Testoni 男鞋一雙可賣到新台幣五萬元（例如 Norvegese 系列），台灣製的阿瘦皮鞋可以賣到新台幣四、五千元，而中國製的白牌皮鞋只需三、五百元；其間的價格差異表層看來似乎取決於品牌，但品牌價值主要來自使用者的經驗及感受，也就是穿上不同品牌的皮鞋所代表不同的顧客價值，Testoni 皮鞋代表的是「身分

地位」的價值，阿瘦皮鞋代表的是「舒適實用」的價值，而白牌皮鞋代表的可能是「我只要有雙是皮製的鞋即可」的價值。

⧖ 想提升顧客價值，你得先有「價值主張」！

為了提升顧客價值的滿意度，企業應該儘量將顧客效益極大化及將顧客成本極小化，但是無論採取的是「提升效益」或「減低成本」的策略，企業及其提供的任何產品及服務（顧客方案）都要有價值主張（Value Proposition），以呈現令顧客心動的顧客價值，因而促使顧客願意購買。簡單地說，價值主張是「一段欲呈現出顧客方案中顧客價值的敘述」，它是顧客為什麼與你做生意的根本原因，而不是選擇你的競爭對手，所以企業的產、銷、人、發、財的所有策略也應該以價值主張為根據，建立企業在實踐顧客價值主張的核心能耐（Core Competency）。我們將顧客價值主張定義為：

「提供顧客願意以特定價格滿足他們重要需求的方案」。

價值主張這個商業名詞在 2005 年以前鮮少人提及或用到，但在 2005 年以後，由於創新及價值創造成為管理學的主流，價值主張也變成了流行的商業用語。價值主張代表企業透過產品或服務可以提供給顧客的實質價值。舉例而言，台灣惠普的價值主張為「整合 HP 在各項核心領域的競爭優勢，提供台灣企業客製化的全方位解決方案，以協助台灣產業提升國際競爭力，掌握產業發展先機以達永續成長效益。」

為了讓價值主張淺顯易懂，更具行銷魅力，企業也通常會將其價值主張轉化為簡潔有力的口號或訴求，例如惠普的「眾志成城，超越頂尖（Power of One, Best of Many）」，又如鼎泰豐的「小吃業的精品店」或華碩的「華碩品質、堅若磐石」！

但是價值主張絕對不是「口惠不實」的行銷口號，更不能淪為「夜市賣膏藥」的吆喝口條，產品或服務等顧客方案所彰顯的價值主張必須能真正滿足顧客需求、解決顧客問題或使其享受產品或服務的好處，所以價值主張也是企業為滿足市場需求的共同目標及安排資源和發展能力的依據，否則價值主張會成為欺瞞顧客的證據，幾年前發生胖達人、鼎王與頂新等食安事件的殷鑑，就是不實價值主張最好的教訓！

⧖ 創造顧客價值的步驟為何呢？

企業創造價值的核心為創造顧客價值的滿意度，而其根基為價值主張。因此，打造企業（或企業內的事業單位）的價值主張就是在說明企業如何創造顧客價值。

就此觀點，如圖二所示，企業必先（1）確定目標顧客，就特定的市場找到顧客需求，然後（2）根據顧客需求及市場局勢建立或補強企業的核心能耐（Core Competency），除了自己發展核心能耐外，企業也可以透過購買、結盟或合併的手段來強化核心能耐，而且企業應該透過智慧資產的方式如專利、商標、商業機密與著作權來保護自己的核心能耐。另外，可以委託或外包（Outsourcing）非核心能耐的部分，以免稀釋建立核心能耐的強度或所需的資源。如此，由核心能耐

所開發出來的（3）顧客方案（包含技術、產品或服務）才不容易被競爭者攻擊、模仿或超越，而具有競爭優勢的方案所創造的（4）顧客價值也才能讓企業立於不敗之地。

　　當市場的顧客需求有所改變或市場的競爭狀態產生變化時，企業必須調整其核心能耐，研發更具有競爭優勢的方案，才能持續維持與顧客建立的價值關係。沒有以顧客需求為根基的企業核心能耐或顧客方案，往往就像是在河沙上蓋的房子，不牢靠，無法在市場立足，遑論與對手競爭。

［圖二：市場導向的企業創造價值模式］

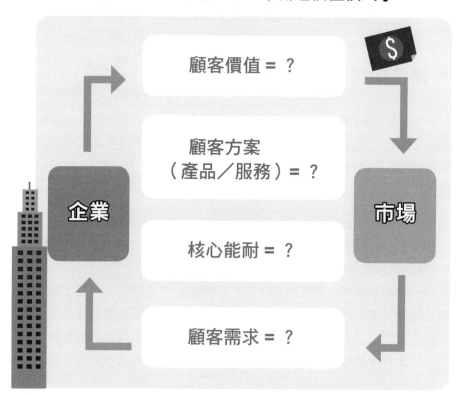

你知道嗎？

成就 Apple 起死回生的不是 iPhone，而是 iPod 與 iTunes！

蘋果公司（Apple）原是個人電腦的品牌製造商，1990 年代中期因為不敵市場競爭激烈下，面臨幾乎破產的危機。Apple 董事會於 1997 年找回創辦人賈伯斯（Jobs）重整奄奄一息的公司，他讓 Apple 起死回生，其中的關鍵產品為 iPod。

很多人以為 **iPod** 只是一個酷炫的數位音樂播放器而已，但是賈伯斯對 iPod 有不同的價值主張：「iPod 的誕生，意味著人們聆聽音樂的方式將永遠改變，因為 iPod 帶來了一個無與倫比的音樂資料庫，使用者可以隨時隨地聆聽自己喜愛的音樂」，而這個價值主張若沒有一個音樂下載平台的支持，只是一個空殼子而已，所以在推出 iPod 之前，Apple 先建立音樂下載平台的核心能耐，推出 **iTunes**。

iTunes 原先是讓音樂愛好者可以找到任何自己喜愛的音樂，無論熱門或冷門，而且是可以簡單下載單曲的音樂商店。而當時透過點對點（Peer to Peer, P2P）方式免費傳輸的盜版音樂猖獗，唱片公司除了興訟提告外，幾乎束手無策，賈伯斯反而從唱片公司的危機看到龐大的商機，與五大唱片業者（Sony、Warner、Universal、EMI、BMG，全球音樂市場市占率約 85%）達成共識，取得他們的音樂授權，讓音樂愛好

者能透過 iTune 可以 0.99 美元購買合法且經保護之音樂檔案,而 iTunes 下載的音樂檔案只能以 iPod 播放,促成 iPod 成為最暢銷的數位音樂播放器。

　　結合 iPod 與 iTunes 的聆聽音樂方案,除了操作簡易、儲存容量大之外,消費者可合法地下載自己喜愛的數位音樂,不用擔心侵權問題,這不僅實踐了賈伯斯對 iPod 的價值主張,在市場大受歡迎,Apple 更藉由 iTunes 創造出一種嶄新的商業模式(Business Model),竟成為全世界最大的音樂銷售商,iTunes 也為 Apple 創造源源不斷的企業價值。

　　繼 iPod 之後,賈伯斯又看到手機市場更大的需求商機,企圖改變傳統手機使用的觀念,以類似 iPod 的方案與 iTunes 的商業模式,結合 iPhone 與 App Store,讓手機不再只是手機產品,而是可以透過 App Store 下載的 Apps(行動應用軟體)達到客製化、個人化的行動方案,率先提供手指觸控操作的 iPhone,使得使用者相信「手機應該是什麼,它就是什麼」,實踐 iPhone「觸摸就是相信」(Touching is believing.)的價值主張。

　　值得一提的是，賈伯斯是透過購買及併購來建立 iPod 與 iPhone 的核心能耐，iPod+iTunes 方案的原創者 Tony Fadell 原先只是 Apple 的獨立契約商，他向 Apple 提案後，只花了 8 個星期的時間就開發了 iPod+iTunes 的組合。而 iPhone 的許多技術也並非 Apple 自行研發，而是併購別人的技術，例如多點觸控式的人機互動介面就不是 Apple 的原創發明，而且如果沒有台灣宸鴻公司獨步研發出來的「透明玻璃投射式電容技術」，iPhone 所需要的手指觸控螢幕根本無法量產，iPhone 也無法成為全世界最暢銷的手機。

⧗ 打造價值主張時會遇到哪些關鍵問題？

　　就企業發展的觀點而言，企業創造價值需要打造一個企業價值主張，一個好的企業價值主張不是「你說的」（What you say）或「你希望的」（What you want），而是「真正的你」（What you are）。換言之，價值主張就是代表一個你（企業）的實質存在，如果你無法為顧客創造價值，顧客便沒有與你打交道的理由，如果你無法實現你的價值主張，顧客是不會跟你做生意的，即使你的名氣再大，也只會適得其反，反而讓你陷入經營的困境，甚至縮短你的壽命。

　　打造企業價值主張其實就是在分析企業價值創造的過程，了解企業如何創造顧客價值，是否能持續創造顧客價值，也是在檢驗企業的價值創造是否具有競爭優勢。因此，打造企業的價值主張必須問幾個關鍵問題：

❶ 企業的存在價值是什麼？

　　這個問題通常反映在企業的願景（Vision）或使命（Missions），就是引領企業持續努力及存在的最終目的地。舉台積電為例，其企業願景為「成為全球最先進及最大的專業積體電路技術及製造服務業者」，就是這個願景在引領台積電不斷成長，超越同業的所有競爭對手。

❷ 企業的根本價值引擎是什麼？

　　價值引擎代表可以為企業創造價值的核心能耐及核心業務（Core Business），核心能耐為企業創造顧客價值的競爭優勢，而核心業務是

企業專注創造顧客價值的市場區隔。例如台積電的核心能耐包含專業積體電路技術領導者，最具成本優勢的製造者，最具聲譽的服務者及客戶最大整體利益的提供者；而其核心業務為專業積體電路製造服務。

❸ 企業的顧客價值來自於哪裡？

　　這代表企業提供的顧客方案如何產生價值，特別是方案如何滿足顧客的需求，顧客效益為何（效用／稀有／獨占／感動……），顧客會因此效益而願意付出特定價格，讓企業產生收益。這個問題通常反映在企業的商業模式，企業也會運用行銷、品牌或服務加值的手段讓顧客認同及提升其方案所提供的價值。就台積電而言，其商業模式的核心就是與顧客緊密結合的晶圓代工，台積電的顧客主要為無晶圓廠的設計公司及整合元件製造商，為了與顧客發展更密切的合作關係，台積電會定期將未來幾年的技術藍圖提供給它的顧客，顧客因此可以提早規劃如何運用台積電的前瞻製程技術。

❹ 打造出令人心動的價值主張吧!

　　價值主張代表企業對顧客的承諾,企業必須想盡辦法實踐,所以價值主張會決定企業要進軍什麼樣的市場,面對什麼樣的顧客,投入什麼樣的資源,進行什麼樣的研發,開發什麼樣的顧客方案,運用什麼樣的行銷。

　　舉例而言,為了實踐「揪感心」的價值主張,全國電子重新打造店面的擺設與裝飾,改變顧客服務的流程與規範,讓進店的顧客可以體驗到全國電子的「揪感心」,更在廣告裡展現對弱勢族群之熱誠及體諒,提供分期付款服務,並免費到府安裝電器產品,藉由行銷來創造「揪感心」的感受。

　　如何打造一個令人心動的價值主張成為研發或企劃最重要的工作,是需要結合邏輯與創新思維、科學與藝術本領的團隊工作。就價值主張的定義而言:「提供顧客願意以特定價格滿足他們重要需求的方案」,我們提供如圖三所示的「價值訴求」矩陣圖,做為打造價值主張的參考工具。

[圖三：價值主張的重點訴求]

　　上圖代表四種不同價值主張的重點訴求。一方面從方案提供的角度去考量，方案可以是產品為主或服務為主，產品是與顧客交易的實質東西，例如民生用品或消費性電子用品，服務則是與顧客交易的方法及過程，例如顧客諮商或接待顧客的流程；另一方面可以從顧客價值的角度去考量，顧客會因本身需求而從成本端或效益端去考慮方案的顧客價值，如此形成四種不同的價值主張所要強調的價值訴求：

❶ 平價優質（產品、成本）

例如華碩原先的價值主張為「華碩品質、堅若磐石」。華碩是全球前幾大的 PC 製造商，以製造主機板起家，從公司創立開始，就堅持品質是公司最重要的經營基石，同時也加強成本控制，才得以不斷推出性價比優於競爭對手的 PC 及周邊產品，而建立「平價優質」的市場口碑，在 2007 推出的 Eee PC 更是「平價優質」的代表作，將 Asus 的品牌推向頂峰。因為品牌業務與代工業務的衝突，華碩在 2008 年 1 月時便將公司切割為「品牌」（華碩）和「代工」（和碩）兩個集團。

❷ 頂尖獨特（產品、效益）

例如 Sony 的 Bravia 液晶電視。Bravia 液晶電視因為具有卓越的工藝及獨特的液晶色彩技術，打出「完美色彩、永不妥協」的價值主張，所以 Bravia 的色彩鮮明度與飽和度是液晶電視的佼佼者，其價格也因此比競爭的液晶電視高出很多。

❸ 便利沒煩惱（服務、成本）

例如「F100 極速剪髮」。F100 的加盟連鎖店大都是設置在大潤發或愛買等大賣場內，因此享有地利之便，打著「承諾 100 元的平價價格，追求 100 分的剪髮服務」的價值主張，以「F4: First, Fast, Focus, Fashion」的核心理念去實踐其價值主張。F100 憑藉著方便、

快速及廉價的剪髮服務，這幾年在台灣急速竄紅，以相同的商業模式又設立了「F100美髮大師」連鎖加盟，並衍生好幾個「99元剪髮」的競爭對手，著實開創了理容業的另一個藍海市場。

❹ 快速回應與高度滿意（服務、效益）

例如IBM的全球企業諮詢服務部（GBS, Global Business Services）。IBM的每一個事業群都有其特定的價值主張。IBM的GBS是全球最大的顧問諮詢機構，業務遍佈160個國家和地區，其價值主張為「透過整合、快速、創新的業務解決方案實現客戶價值」。任何與IBM打過交道的顧客都會知道，IBM是一個系統解決方案的提供者，只要顧客提出需求，IBM就有辦法快速整合全球各地的專家及系統甚至包含IBM的競爭對手，提供全方位服務及系統解決方案，當然，IBM顧客也要為此付出相當的價格。

打造價值主張是了解顧客與顧客需求的第一步，也是發展產品或服務的最初理由，打造價值主張同時是企業創造顧客價值之必要手段，也是企業打造核心競爭力的先期嘗試，而價值主張更是研發提案或營運企劃的核心所在。記得，創造價值的根本是令人心動的價值主張！試問，你的價值主張是什麼？它能令顧客感到砰然心動嗎？

Chapter 2

如何想出解決問題的絕妙點子？
——學會利用
「NSDB」價值主張

Chapter *2*

如何想出解決問題的絕妙點子？
——學會利用「NSDB」價值主張

小王為了帶領 H 公司進行研發創新，決定到工研院學習創新方法論，小王瞭解到創新的目的是要為顧客創造價值，價值主張則是企業創造顧客價值的根本；企業有企業的價值主張，產品有產品的價值主張，價值主張是顧客與企業交易的初衷，也是顧客購買產品的原因，但是如何打造一個令顧客心動的價值主張卻令小王頭痛，因為技術出身的小王一直習慣技術導向的研發思維。恰好時任產業學院執行長的老王剛從美國學習一套打造價值主張的「NABC」方法論回台，並經當時的工研院長將其轉化為更適合台灣企業創新的「NSDB」方法論，於是小王邀請老王到公司傳授工研院的「NSDB」創新秘笈……

⧗ 什麼是「NSDB」價值主張？

企業為了永續生存發展，必須不斷地為顧客創造價值，而價值創造的根本是價值主張，企業會針對不同的目標市場，研發及提供滿足市場需求的顧客方案，所以每一項方案都需要可以令顧客心動，願意

出價購買及使企業投資回收的價值主張。為了避免讓價值主張淪為口惠不實的宣傳口條，企業必須想辦法讓價值主張付諸實現，因此企業需要打造一套價值主張、創造顧客價值的方法論，讓這套方法論成為企業創造價值的共通語言、概念基礎、思考架構、流程方法與企業文化，最重要的是成為企業創造價值的紀律與執行力。

　　但是如何才能打造「令顧客心動」及「價值加倍奉還」的價值主張呢？為此，李鍾熙博士在其工研院院長任內於 2005 年提出創造經濟價值新主張：「提出洞悉市場需求（Needs）的解決方案（Solution），並透過與競爭對手的差異化（Differentiation），為顧客創造最大的效益（Benefits）」，並取其四個英文字首，簡稱為「NSDB」價值主張，成為如下圖一能創造高價值的價值主張之操作型定義。

[圖一：創造高價值的「NSDB」價值主張]

- 確認顧客需求（Needs）　　（Ⓝ）
- 提出解決方案（Solution）　（Ⓢ）
- 藉由優越差異（Differentiation）（Ⓓ）
- 產生最大效益（Benefits）　（Ⓑ）

連結
N-S-D-B
創造高價值

舉一個簡單易懂的例子，假設你帶一位朋友到台中吃喝玩樂，但是台中有太多好吃好玩的地點，你就可以善用「NSDB」價值主張的方式，提出能夠令你的朋友心動的建議地點！

Step 1 ➤➤ 「我知道你喜歡嘗試不同風味的飲食（N：需求）」

Step 2 ➤➤ 「我們找個提供各式各樣餐飲的地方（S：解決方案）」

Step 3 ➤➤ 「其中逢甲夜市有許多首創或獨創的台灣小吃，例如章魚小丸子、懶人蝦、魚要醬吃等（D：差異化）」

Step 4 ➤➤ 「而且是俗擱大碗，我們到那裡，不僅吃得過癮，還可以享受道地又多樣化的台灣小吃美食（B：效益）」。

　　李院長上任後，有鑑於當時政府與企業雖然投入相當多的資源於技術創新與產業轉型，但是沒有創造出相對的價值，甚至創新的投入無法開花結果，增加企業的經營困難，因此歸納出主要的原因就是台灣缺乏高價值創造的思維與方法。

就價值創造的觀點而言，台灣企業的創新多是以價值的成本端為出發點，以降低成本（Cost Down）的技術創新為主，例如產品特性改良或製造程序改善，但是技術本身的差異化或領先程度不足，價值創造的程度不高，或者入不敷出。

於是李院長開始推動「高價值創造」的變革，並選派工研院的研發菁英及高階主管赴美國知名的研發機構 SRI 取經，學習 SRI 價值創造的經驗與方法，並根據台灣特有之產業發展及技術研發的困境，將 SRI 的「NABC」（Needs, Approach, Benefits, Competition）內化並轉化為「NSDB」，除了強調創新必須以市場需求為出發點外，更點出台灣產業發展所需要的創新是要比競爭對手具有優越差異化的整合性或系統性方案，而不是低價競爭的技術創新。

相較於「NABC」的價值創造，強調「高價值創造」的「NSDB」成為工研院的共通語言，任何工研院的創新構想都必須連結 N-S-D-B 以創造高經濟價值，希望透過 N-S-D-B 的檢視，可以快速截取價值創造的關鍵及基本要素，並有效傳達任何研發提案或企劃構想對顧客的價值主張。

「NSDB」不僅是分析高價值創造的方法，也成為打造令顧客心動的價值主張之工具，亦即一個提案或構想可以 N-S-D-B 組合來打造令人心動的顧客價值主張。首先，找出重要的顧客及市場需求（N），然後根據需求，提出強而有力的解決方案（S），再藉由比競爭方案優越的差異化（D），為顧客創造出實質明確的效益（B），結合上述的「NSDB」便可成為令人心動的價值主張，為顧客及企業創造高價值。

⧗ 運用「NSDB」打造價值主張，並且形成循環

　　企業創造價值的訣竅為顧客價值主張，就是回歸到價值創造的基本問題，你的顧客價值主張是什麼？你的顧客是否願意以特定價格購買你所提供的方案？你的方案是否可以滿足顧客重要的需求？你的方案是否可以解決顧客重要的問題？你的方案是否具有優於對手的差異化？你的方案是否可以產生實質的顧客效益？換言之，你的研發提案或企劃構想是否能夠創造顧客價值，就是要檢視提案或構想是否具有連貫 N-S-D-B 的價值主張？

　　如圖二所示，連結 N-S-D-B 是一個不斷循環的過程，價值創造團隊必須針對目標顧客，將自己設定於顧客使用方案的情境，分析、檢視及改進每一個 N-S-D-B 的步驟，而且來回確認 NS-SD-DB-BN 兩個步驟的一致性，直到組合出最佳的「NSDB」價值主張。再者，「NSDB」價值主張並非一成不變，也要隨著市場需求與技術的變化，以及方案的生命週期，進行更改及創新。

[圖二：打造 NSDB 價值主張]

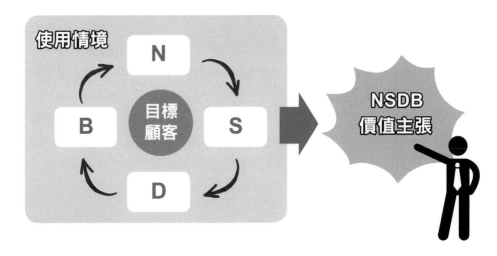

從 NSDB 的創新思維而言，打造令顧客心動的價值主張是創新的第一步，也就是企業若要為顧客創造價值，可以依照 N-S-D-B 的程序，打造「NSDB」價值主張，由價值主張來導引方案的技術發展及商業發展，價值主張因而成為：

- 不斷發現與瞭解市場與顧客需求的起始點；

- 發展顧客方案（產品或服務）的最重要依據；

- 測試方案競爭優勢的試金石；

- 產生顧客效益的必要條件；

- 吸引顧客購買的最好理由；

- 創造顧客價值之最佳組合；

- 發展令人信服的研發或營運企劃的核心所在。

⧗ 台灣創新的困境與企業常犯錯誤

台灣產業面臨全球化愈來愈激烈的市場競爭，從個人到國家，莫不高喊創新轉型的口號，但是仔細檢視台灣創新的結果，許多創新的投入不僅無法為企業及顧客創造價值，若不符合市場需求，甚至造成企業的虧損。以 NSDB 作為創新的方法論不僅符合價值創造的邏輯思維，而 N-S-D-B 組合成的價值主張更可以用以導引顧客方案的技術發展及商業發展，為顧客及企業創造最大價值。

透過觀察，其實不難發現台灣的企業，特別是製造代工為主的廠商，似乎習慣 S-n-d-b 的創新模式，亦即先有方案，再找小眾市場（小 n）切入，但是方案的差異化不大（小 d），所以只能以成本競爭，低價競爭的結果往往商業效益就愈來愈低（小 b），或者敵不過競爭對手的削價競爭，必須退出市場。再者，由於製造代工為主的廠商對消費市場瞭解及掌握有限，也經常形成 n-S-d-b 的困境，縱使開發方案或製造產品的技術能力很強（大 S），但是只能成為技術及市場的追隨者，看得到市場卻吃不到市場，只能追隨市場領導者或先進者（小 d），終究還是以價格或製造成本競爭（小 b）。

　　舉台灣牙醫器材業為例，業者都知道新興國家的植牙市場商機龐大，但是台灣的植牙器材廠商卻鮮有以 N-S-D-B 的模式開發植牙方案，無論是植牙技術、植牙工具與設備或植牙材料，大部分的台灣植牙器材廠商還是停留在 S-n-d-b 的漸進式創新模式，亦即廠商的技術能力雖然很強，卻大都只能仿效全球植牙技術及市場的領導者或規格的制定者，而且經常是先開發植牙技術及產品後，才決定要進軍那一個市場，由於技術的差異化不大，只能強調台灣技術的性價比，以平價優質的價值主張尋找新興市場的切入點。

你知道嗎？

曾經紅透一時的 Eee PC
也能運用「NSDB」打造價值主張！

　　Eee PC 是台灣電腦產品發展史第一個台灣廠商自訂筆電規格的成功案例，也是台灣第一個在全球筆電市場爆紅的消費性筆電產品，Intel 甚至史無前例地因為 Eee PC 的市場成功為小筆電客製開發專用的 Atom CPU。根據 Eee PC 的案例，其「NSDB」價值主張的組合為：

- N：針對已開發國家那些不敢用、不會用、買不起一般筆電的老人、青少年及女性族群

- S：推出的 Eee PC 是輕巧省電、簡易實用的行動多媒體裝置

- D：且 Eee PC 使用恰恰好的筆電設計，因此比傳統筆電容易學習及使用

- B：可以隨時隨地攜帶、方便容易使用、而且價格只有傳統筆電的 1/3。

　　運用上述的 NSDB 架構，華碩打著「易於學習、易於玩樂、易於工作（Easy to learn, Easy to play and Easy to work!）」的價值主張，並以三個「Easy」的 E 塑造出 Eee PC（中文稱「易 PC」）的小筆電品牌，結果一推出馬上取得市場的成功，榮登 Amazon.com 的筆記型電腦銷售排行榜，同時也在美國 CNET.com 網站獲得「America's most wanted Christmas gift」票選的第一名。

　　雖然華碩以 Eee PC 於 2007 創造出筆電市場的破壞性創新（Disruptive Innovation），而且推出後馬上一炮而紅，但是由於小筆電的技術差異化不大，Eee PC 在小筆電市場的領導地位隨即在 2008 年被宏碁的小筆電 Aspire One 以行銷的差異化所取代。Aspire One 價值訴求為「精彩全在手」，產品設計強調時尚艷麗，並以俊男美女代言。市場競爭促使 Eee PC 改變價值主張的訴求，原來「三個 Easy」的訴求改為「又簡單（Easy）、又卓越（Excellent）、又令人興奮（Exciting）的行動多媒體裝置」，依然是三個 E 的 Eee PC。

可是小筆電的生命週期卻非常短，來得快，去得也快，主因是小筆電的技術門檻不高，很容易被新的技術所超越，再者，小筆電仍是以產品方式透過傳統通路販售，並沒有搭配創新的商業模式。因此如圖三所示，當 Apple 於 2010 年推出 iPad 後，手指觸控螢幕技術結合 App Store 的商業模式，馬上顛覆小筆電市場，小筆電快速進入衰退期，國際筆電大廠如戴爾、聯想、惠普、微星及三星先後於 2012 年退出小筆電市場；華碩則宣布 Eee PC 產品線於 2012 年年底結束，改以平板電腦代替；宏碁同樣也宣布 2013 年 1 月 1 日起停止製造小筆電；然而華碩則秉持創新求變的精神，繼 Eee PC 後，結合觸控平板及傳統小筆電的優勢，重新打造筆電產品的價值主張，推出「二合一」變形平板筆電（Transformer）。

[圖三：小筆電的生命週期]

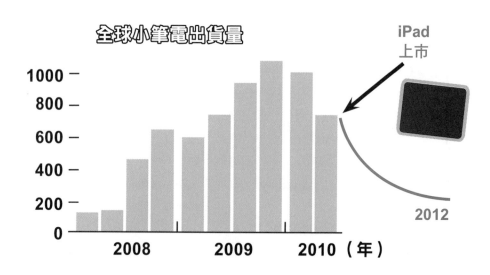

全球小筆電出貨量

⧗ 打造屬於你的「NSDB」金三角

　　為了更容易打造「NSDB」價值主張，這裡和大家分享一系列「NSDB」的方法與工具，首先設計了如圖四的「NSDB」金三角模式，方便你作為 NSDB 創新方法論的架構，來檢視一個創新提案或構想是否能夠創造高價值，並進行 N-S-D-B 四個階段的金三角分析。

[圖四：「NSDB」金三角]

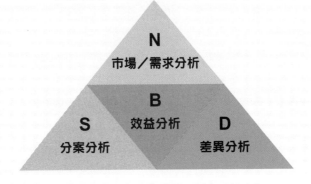

[圖五：「NSDB」價值創造的分析架構]

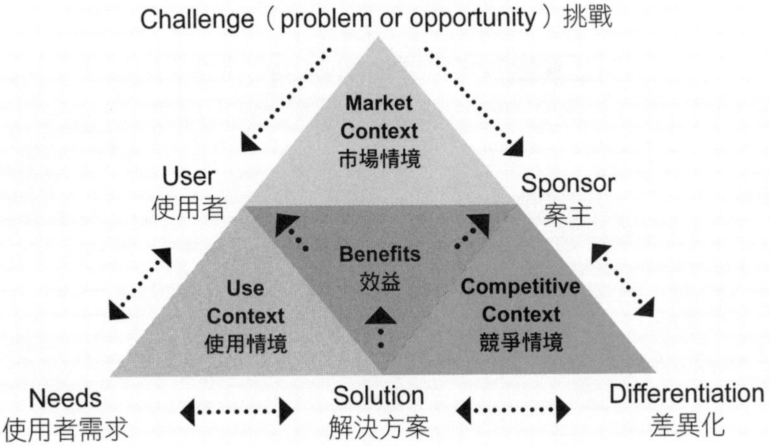

Challenge（problem or opportunity）挑戰

接著，我們將圖四開展為圖五的分析架構，用以分析創新構想如何創造價值。如圖五所示，任何一個創新構想皆起始於一項挑戰，此挑戰可能來自主管（Top Down）或員工（Bottom Up）遇到的市場問題或機會，這些問題或機會可能是顧客需求的來源；為了解決問題或補捉商機，主管或員工應該要分析市場，了解這個市場是否值得進入？市場的規模大小？市場競爭局勢如何？市場的使用者（目標顧客）為何？再者，誰會是投資開發或購買方案的「案主」（Sponsor）？

　　一但確定方案的使用者（User）及投資的案主，方案的研發人員便可設身處地去發掘使用者的真正需求為何？將自己放在使用情境下，才能確認解決方案是否滿足使用者的真正需求（Needs）？只有具有競爭優勢的解決方案（Solution）才能持續創造顧客價值，因此解決方案要與競爭方案在競爭情境下進行差異化（Differentiation）比較，案主必須確定解決方案的差異化是否足夠明顯？差異化所產生的價值是否大於競爭方案？差異化是否可以受智財權保護而不容易被競爭對手仿冒或超越？同時解決方案也必須進行效益（Benefits）分析，確認解決方案能夠帶給「案主」哪些商業效益？使用者在使用解決方案後所獲得的使用效益又是哪些？而這些效益是否能以數字或具體的方式呈現？

土鳳梨酥就是運用
NSDB 金三角的成功案例

假設一家知名糕餅店的老闆（案主）知道化學物質可能會引起食安問題，或者糕餅店的店員發現顧客一直在詢問店裡的糕餅原料是否不加化學原料（挑戰），那麼糕餅店老闆自然便能分析出天然有機的鳳梨酥市場具有龐大商機；而且目前投入市場的競爭對手不多（市場情境），就可決定投資請糕餅師傅研發天然有機的鳳梨酥（解決方案），設定主要的購買顧客為具經濟基礎、經常外食與注重健康的專業白領人士（購買者），但是他們購買的鳳梨酥通常是送給家人及至親好友（使用者）聚會食用的（使用情境）。

不同於其他品牌的鳳梨酥，糕餅師傅除了用有機種植的土鳳梨做為鳳梨酥的原料外，其他的材料如麵粉也強調沒有摻加任何化學物質（競爭情境），為了凸顯天然有機的特性，以此做為與競爭對手的主要差異（差異化），老闆並在土鳳梨的產地設立土鄉土味的觀光工廠，顧客可以親眼查證土鳳梨種植及鳳梨酥製作過程。

另外每個店面都設置鳳梨酥製作的展示，並提供現場免費品嘗鳳梨酥及搭配的熱茶，讓顧客可以親自體驗天然有機的風味，打出「返璞歸真、美味真實」的招牌（價值主張），不僅顧客願意排隊購買，相信能吃到天然好口味的鳳梨酥（使用效益），也讓鳳梨酥的價格比其他鳳梨酥高出一倍以上，糕餅店老闆因此每年賺進原先三倍的利潤（商業效益）。

　　我們可以再回到前面 Eee PC 的案例中（P.042），如果運用圖五的「NSDB」金三角的分析架構，進一步完整地分析 Eee PC 的價值創造，就會產生如表一的分析結果：

[表一：Eee PC 的 NSDB 金三角分析]

	案主	ASUS
需求分析	案主期望	筆記型電腦產品已經是成熟飽和的市場，而且市場筆電的價格門檻為 $500 美金，期待開發新市場。
	目標使用者	已開發國家的青少年、婦女或年長者。
	重要問題	不敢用、不會用、不方便攜帶、負擔不起一般筆電。
	使用者需求	能夠滿足消費者簡單使用需求、輕便美觀、攜帶方便、價格又能夠負擔得起。
	市場規模	2008 年全球小筆電市場約占筆電市場的 10%。

方案分析	方案的感覺及功能要求	輕薄省電；攜帶方便；開機快速；使用有效率；操作簡易；學習容易。
	方案使用的技術	Eee PC 採用低耗能、熱量低及成本低的 Intel Celeron M 處理器（後改用 Intel Atom 處理器），可以提升電池的續航力。使用 7 吋螢幕、以及具有耐摔、防震、輕薄體積及低耗電散熱等特性的固態硬碟，將重量壓到 1 公斤以下。採用 Linux 作業系統平台，採取選單式的直覺介面，將所有程式清楚列在螢幕上，讓使用者可以依據圖示學習及使用；內建無線上網機制，讓使用者能夠隨時隨地連上網路。
	技術可行性	ASUS 在正式推出 Eee PC 之前，曾以內部員工及其家人為對象進行超過千人以上的測試，驗證 Eee PC 的技術可行性。
差異分析	競爭情境	當時一般筆電競爭者眾，且廠商皆著重於硬體規格的提升或軟體的更新，因此價格一直居高不下。
	差異化	Eee PC 採取恰恰好的減法設計原則，只要提供夠用的基本功能，Eee PC 因此變成夠小、夠輕、夠簡單、夠便宜的行動多媒體裝置。
	智權保護	由於筆電組件都標準化，技術差異不大，所以只能以產品設計及產品品牌申請智權保護。
效益分析	使用者效益	Eee PC 滿足目標顧客簡單、方便的需求，而價格只有當時一般筆電平均價格的 2/1 到 3/1。
	案主效益	Eee PC 於 2007 年開創小筆電市場，市場銷售第一年便成績亮眼，華碩第一代 Eee PC 累積了超過 100 萬台的銷售量；而全球小筆電於 2008 年出貨約 1,300 萬台，佔整個筆電市場的約 10%，並持續成長。

我們也可以再回頭看看前面 iPod 的案例，以其作為「NSDB」金三角的案例，分析 iPod 搭配 iTunes 的價值創造，就會產生如表二的 NSDB 分析結果：

[表二：iPod+iTunes 的 NSDB 金三角分析]

	案主	Apple
需求分析	挑戰	許多大廠早已著手研發或生產隨身音樂播放器，如何在此市場中推出令消費者青睞的產品？
	市場情境	硬體生產廠商陸續推出 CD、MD、MP3 等隨身音樂播放器，追求技術上的超越；軟體開發商則僅專注生產作業系統，對於音樂應用軟體並不重視。兩者除缺乏整合外，多數廠商也將隨身音樂播放器定位為 PC 的周邊商品，對消費者而言，使用上並不便利；而市面上的下載音樂多是沒有版權的非法音樂檔。
	目標使用者	追求風尚的聆聽音樂風格之消費者。
	使用者需求	❶ 能方便存取喜愛的歌曲，而非整張專輯。 ❷ 儲存容量夠大、操作介面容易、易於攜帶。 ❸ 合法且便宜的音樂檔。
方案分析	使用情境	無論是硬體或軟體，皆容易使用。
	解決方案	❶ 在軟體方面，推出 iTunes 音樂撥放軟體及音樂下載平台，在 iTunes Music Store 裡能購買具版權的音樂單曲，每一首僅需 0.99 美元。 ❷ 在硬體方面，推出儲存容量為 5GB，重量僅約 200 公克的 iPod Classic。 ❸ iTunes 是官方唯一與 iPod 同步的合法軟體，當 iPod 與 PC 連結時，PC 會自動將音樂資料庫與 iPod 同步。

差異分析	競爭情境	競爭對象為眾多大廠所推出的隨身音樂播放器。
	差異化	❶ iPod 的體積小，攜帶方便，而且儲存容量大（首版的 5GB 約可儲存 1,000 首音樂）。 ❷ iTunes 所代表的是一個全世界最龐大的音樂資料庫，無論熱門或冷門，消費者可挑選自己喜愛的音樂聆聽。 ❸ iPod + iTunes 創造出無與倫比的音樂享受風格。
效益分析	效益	❶ 開闢一個其它廠商難以撼動的隨身數位音樂播放器及線上音樂聆聽的創新商業模式。 ❷ 至 2011 年，iTunes 的音樂總下載量已突破 160 億，而 iPod 的銷售量也累積超過 3 億台，如今因為 iTunes，Apple 已經成為全世界最大的音樂銷售商。

　　因為 iPod 產品搭配 iTunes 商業模式的成功，Apple 以同樣的模式推出 iPhone 搭配 App Store，也獲得商業效益更巨大的成功，如今 iPhone 已經取代 iPod 的音樂播放期的功能，iTunes 成為全世界最大的影音銷售平台，而 Apple 在 App Store 的收益也超越 iPhone。

　　無論是土鳳梨酥、Eee PC、iPod+iTunes 或其他任何創新方案，只要能夠運用 NSDB 金三角的分析架構，整理出如表二所顯示的解析結果，便很容易判斷創新構想或方案是否可以為目標顧客及案主創造價值！

Chapter 3

「NSDB」真的能
幫我找出好點子嗎？
──從「全溫層物流服務系統」
案例分析來了解

Chapter 3

「NSDB」真的能幫我找出好點子嗎？
——從「全溫層物流服務系統」
案例分析來了解

在小王安排老王到 H 公司講授 NSDB 創新方法論前，老王決定先到 H 公司進行實地訪察，找出 H 公司在創新所遇到的問題與挑戰，如此才能設計真正符合 H 公司需求的課程。同時老王深知案例講解是傳授方法論最好的教學方式，於是從工研院眾多的 NSDB 案例中，挑選一個最適合 H 公司的服務系統案例。對習慣於產品製造思維及 S-n-d-b 創新模式的 H 公司而言，老王試圖以工研院的全溫層物流服務系統案例，改變 H 公司的研發創新思維與作為……

⧗ 無所不能的 NSDB 之創新模式

企業創造顧客價值的根基是一個令顧客心動的價值主張，所以企業的任何創新若沒有價值主張為根據，便無法為顧客創造價值，因而無法為企業創造價值。在前一章中，我們提供了打造「NSDB」價值

主張的架構與流程，只要將創新構想套用「NSDB」金三角分析，就可以產生高價值創造的「NSDB」價值主張。但是「NSDB」價值主張並不是分析一次就可以產生，亦不是把 N-S-D-B 串聯一次就可以竟其功。如圖一所示，打造「NSDB」價值主張是一個不斷重複檢視與精進 N-S-D-B 的過程，而透過每一次的檢視與精進，就像龍捲風一樣，每捲一次，就產生愈大效果。

[圖一：NSDB 是不斷重複檢視與精進的循環過程]

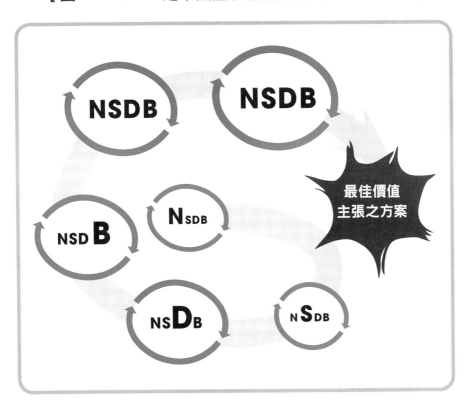

由於 NSDB 是 2005 年工研院長李鍾熙博士率先推出的創新方法論，NSDB 成為當時全院所有研發創新的共通語言，透過 NSDB 的創新模式，工研院的研發計畫都會以 NSDB 的創新模式來檢視，藉此快速截取計畫創造價值的要素，並打造計畫對顧客的價值主張，呈現計畫對顧客所創造的價值。

⧗ 來看看「全溫層物流服務」的成功個案吧！

有鑑於台灣產業以往的研發計畫都比較偏向「技術追隨者」，而不是「價值創造者」，本書特別選擇工研院的全溫層物流服務系統，作為解說「NSDB」價值主張的實際範例，原因在於全溫層物流除了是工研院所執行的第一個服務型科專計畫，其所開發的服務系統方案亦開創了全世界嶄新的冷鏈物流模式，對冷鏈物流業產生革命性的思維與影響，堪稱「高價值創造」的典範。本章首先描述全溫層物流的完整個案背景，接著套用「NSDB」金三角的分析架構，整理出分析的結果，進而打造全溫層物流的「NSDB」價值主張。

❶ 個案摘要——為什麼會有「全溫層物流系統」的想法？

工研院能資所洞察物流節能需求和機會，而傳統以冷凍車為主的冷鏈物流既不環保又低效能，因而研發出「全溫層物流系統」，讓物流業者透過多溫共配的技術與服務機制，提高配送效率、顯著節約能源成本，並藉此擴展客源和配送量，增加獲利。

❷ 挑戰與市場情境──「全溫層物流系統」可能遭遇 什麼難題？

空調技術一直是工研院能源與資源研究所（能資所）的主要研究領域之一，歷經各種材料演變、節能再生等風潮的興起，屢屢都有創新技術問世（如吸收式熱泵），但隨著產業成熟和市場飽和，發展動能不免趨於緩慢。就在空調面臨瓶頸之際，能資所發現他們長期忽略的冷凍領域有很多市場機會，可以延伸既有空調技術的專業和經驗。

例如，能資所研究員就觀察到，單是冷凍食品從製造完成起，到消費者購買回家的過程當中，在不同場所都需要冷凍設備。從最源頭的急速凍解機（零下 40 度）、冷凍櫃、冷凍車運輸，到賣場冷凍倉庫、冷凍展示櫃，甚至消費者家中的冰箱等，而這一系列的冷凍設備在當時還沒有太多的兼具機能與品質的選擇。

工研院掌握這個冷凍設備發展目標後，雖然先後透過幾次專案計畫，開發出節能效率達 30~40% 的冷凍展示櫃、凍結機等設備原型品，也陸續把技術轉移給產業界，但仍感到欠缺一個更具有經濟規模發展的可行方向。直到由冷凍設備廠商牽線，實際走訪物流業者後，研究團隊才決定針對他們對運輸冷凍設備的諸多需求切入，優先要解決的是業者希望冷凍車「一車多溫共配」的渴望。

為什麼物流業者需要一車多溫共配呢？探究起因，台灣多元的飲食和生活，以及追求健康、安全和簡便的消費趨勢，使冷凍冷藏食品大行其道，物流運輸業者的市場需求也順勢成長。但是傳統的低溫物流還是以單溫冷凍車或冷藏車為主，其冷凍系統依賴引擎帶動，物流

全程不能熄火，不僅耗能噪音大，而且冷凍車在裝卸過程經常開開關關，造成冷凍溫度不均，還有貨物無論多寡，裝載率多少都要出車，配送效率不佳。

而物流運輸的顧客，無論大眾消費者還是店家賣場，都十分關切配送過程有沒有失溫？貨品會不會變質？網路刷卡安全嗎？網路購物真的會準時收到貨嗎？因此，物流運輸業者要在競爭市場中脫穎而出，不外乎要在營運成本和服務品質兩大競爭力要素之間取得最大交集──營運成本涉及了配送成本、車輛利用率，而服務品質體現在最佳溫度控制能力和物流配送效率。

當時，有少數宅配物流業者率先與日本業者合作，投資引進低溫宅配系統方案，但因為投資金額和多溫共配模式不盡理想，並沒有造成物流業界太多的跟進仿效。

❷ 目標顧客、顧客需求與需求情境──從顧客的角度來切入

長期投入冷凍空調技術研發有成的工研院能資所，觀察到當時生鮮食品的物流運輸業者對於在同一輛貨車內，能載運不同溫度保鮮食品有強烈需求，便開始設想如何在既有冷凍技術基礎上，發展出新的解決方案。

---

1. 「全溫層物流」案例是結合兩文件編纂而成：❶《預見科技新未來》之『「全溫層物流技術」節能創商機』一章（p.096-p.103）與❷「全溫層物流」科專計畫主持人郭儒家之訪談文件

2. 當時工研院能源與資源研究所，簡稱能資所，現已更名為「綠能所」。

　　當時物流運輸業者面臨幾個主要難題，首先的當務之急是「提高運送效率」。因為冷凍冷藏車的動力來自貨車引擎，每當停車或塞車就會產生怠速運轉，導致冷凍力不足、排熱造冷效果不佳，進而影響了食品的品質和衛生；再加上國際能源價格持續飛漲，油料費用只升不降。這種來自安全衛生與運輸成本的雙重壓力，迫使冷凍冷藏物流車隊不能再依循既有模式營運，想要找到競爭生存的立足點，就必須有所改變。

　　另一方面，物流運輸業者還煩惱另一項龐大支出：那就是專用冷凍、冷藏車造價高昂。不僅是車體造價高昂，冷凍機組相關構件也所費不貲，導致擴大車隊的投資成本十分可觀。因為不同食品要透過不同溫層設備運送，冷凍車數量和型號繁多，購置成本不經濟，維修和操作成本很高。而且在現有法令下，同樣條件的冷凍力和設備，車用型比陸用型的貨物稅硬是多出 15%。物流運輸業者冀望的理想方案是：在一輛冷藏冷凍車廂內，能同時載運不同溫度保鮮的食品，以追求運輸過程的最大使用率。

　　為此，能資所的研究團隊首先思考：要如何讓溫度穩定，又能不受到車子引擎會熄火的影響？而且如果冷凍車的引擎不需要再供給冷凍櫃的動力，也會減少耗油，替物流運輸業者省下一大筆錢。除了消極節能之外，新的解決方案還要讓目標顧客可以增加營收──就是要怎樣才能在一部冷凍車內，同時間運輸不同溫度需求的物品，以提高貨車單趟運輸的載物率；所謂的「不同溫度」，大約是從 20℃到 -40℃。

❷ 解決方案——
多溫層物流技術，實現「一車到底」的節能模式

釐清目標顧客的需求後，能資所的研究小組經過一番閱讀文件、報告和深度討論後，把新計畫研究方向定調為：「全溫層保鮮」，就是研發出可以在一個保鮮櫃內，裝配多種定溫的蓄冷裝置，一併解決冷凍與冷藏同車運送的效率、降低油耗量以及減少整體設備維運成本的問題。

研發團隊也花時間透過管道，想辦法見到了台灣大型物流服務業的領導者。其中研究計畫主持人郭儒家用十五分鐘的時間，說動了一家貨運公司的董事長，並同意讓他親自跟車，瞭解物流配送的流程和實作過程的「眉角」。

研發團隊根據訪談物流運輸物流運輸業者，到轉運中心現場走訪當地主管，了解他們的期望和需求後，提出「蓄冷保溫箱」的構想，裏面放置片狀的「蓄冷片」。蓄冷片就像是冷凍電池，特殊的配方可以提供箱子裏長期而穩定的溫度，還可以針對不同貨物溫度的需要，設計不同溫度的箱子，使得物流公司可以在同一台車子中運送不同溫度的貨物。經過不斷研究、試驗後，研發團隊確定了「全溫層」的概念，透過蓄冷保鮮模組、多溫層蓄冷片、溫層監視器、RFID 辨識系統以及資通訊管理系統等六大科技核心元素。其中，蓄冷保鮮膜組更細分為蓄冷保溫箱、保溫櫃、蓄冷器、蓄冷器凍結機，以及電子式溫度資料蒐集記錄元件等。（全溫層保鮮宅配運作模式請見下圖）。

[圖二：當時常見之低溫物流配送方式]

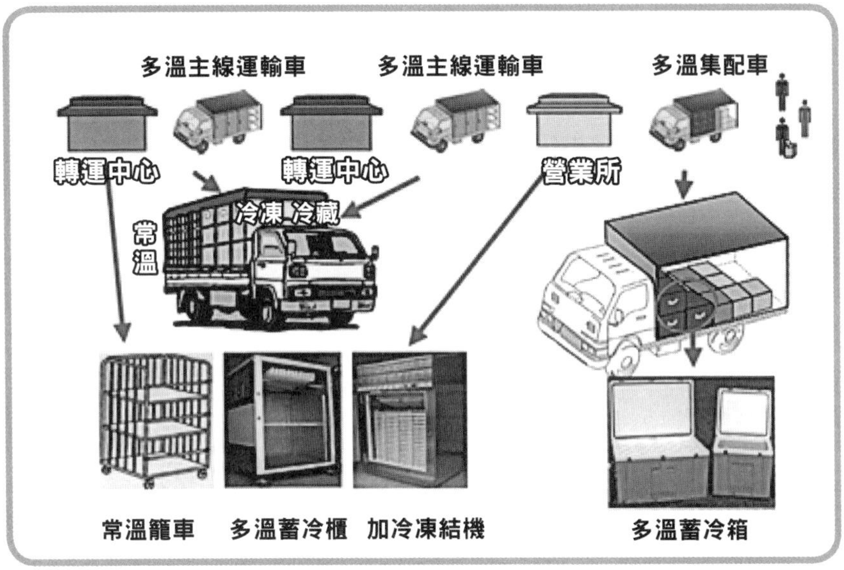

資料來源：郭儒家

　　緊接著，研發團隊再度連袂走訪另一家務流宅配公司的轉運中心，拜訪了實際管理後勤作業的主管和配執行配送業務司機，這回意外獲得好用的情報。原來該公司替一家連鎖餐飲業者配送保鮮食品。由於冷凍車隊配送貨的時間大都在白天，加上該連鎖店大部分門市店舖位於都會區，門市店員需要在營業期間特地到店外點貨、進貨，頻頻向總公司抱怨工作被干擾。

　　研發團隊設想，如果能把冷凍和冷藏的貨品，分置於適當溫度的蓄冷箱，而且這些蓄冷箱還能裝配在同一部冷凍車內。因為蓄冷箱可以維持定溫長達 12 小時，因此物流配送貨的時間改成夜間進行，直接

把貨品擺放在門市店內。如此一來，當連鎖店的員工在早上開店時，可以輕鬆處理維持鮮度的貨品，營業工作不再受到干擾。而物流服務公司既改善了顧客的滿意度，也實質降低車隊的營運成本。

❸ 差異化與競爭情境──
讓創新永續不被取代的關鍵

「抽換式蓄冷保溫箱」概念能夠有機會吸引物流運輸物流運輸業的原因，在於設備需求、設備穩定性、溫度和空間彈性、系統投資和操作成本等層面，都有革新的方案。

傳統的機械式或機電共用式冷凍車，打開車櫃大門就是隔間式的冷凍／冷藏庫，或電冰箱保冷櫃，體積龐大、移動不易。雖然這些冷凍櫃也可以多溫共配，但因為採用機械冷凍的原理，造成均溫性偏低；更別說冷凍系統的使用壽命平均約只有三年，整體的投資成本仍顯高昂。

而工研院研發的「抽換式蓄冷保溫箱」幾乎改進了前述缺點。只要一般貨車、不需要購置昂貴、固定式冷凍車，就能透過「集中式一般冷凍機」，達到共配目標，符合品質和衛生要求。這些抽換式蓄冷保溫箱可在離峰電力時段執行蓄冷作業，加上獨特的「不開門」保溫櫃操作方式，方便使用者操作，實驗所得的節能效率高達 **40%** ──節省電力成本的效益面面可見。

工研院也花了巧思，把不同溫度的蓄冷保溫箱（櫃）以不同顏色區分，這樣一部車共配哪些保鮮商品就能一目了然，貨車駕駛也因此提高了裝卸效率、縮短搬運時間。而且，因為多溫層作業徹底與貨車

動力脫鉤，既能確保運送過程的品質衛生，抵達目的地也不再需要開著引擎暫停車，減少廢氣排放，也算有益於環保。此外，相較於國外進口的技術既高昂又不易變更，工研院的全溫層物流技術來源就近在國內，工研院團隊可以更彈性因應顧客營運的特殊需求，提供快速的解決方法。

工研院開發「全溫層物流」過程中，總計產生了 **45** 項專利，遠超過美、日、中等國的個位數專利，並在技術、新創、整合與商品化等層面，營造出 **29** 項商業機密。

❹ 效益達成──
全溫層保鮮服務產業聯盟，打造台灣新鮮島

事實上，任何新式解決方案都必須兼顧產品差異化和成本導向，這套「全溫層物流系統」當然也在效益和成本兩大要素有明顯的表現。以往，需要物流配送的貨品─無論是低溫、常溫、快遞或零擔者，物流業者在收件承攬之後，都要把貨品先集中到個別適溫的倉儲轉運站，再分配裝貨到特定溫度的貨車。而導入這套系統的物流運輸業者可以揚棄這種直線作業方式了。

現在，透過倉儲、貨車、配送箱櫃的共溫機制，物流運輸業者顯著降低了成本、提高物流配送效率，進而在營運架構脫胎換骨，投資毛利倍增，首度有機會達成物流業戮力追求的最高營運目標─少量、多樣、新鮮、高頻率、即時、高效率的多溫店鋪配送。

另一方面，「全溫層物流」讓工研院能資所有效延伸長期累積的冷凍空調技術經驗，更透過創新應用的成果，增加了技術轉移的專利收益。

除了物流業者的營運效益顯著增加，終端顧客更身蒙其惠，郭儒家也指出：「當我們以蓄冷箱取代冷凍冷藏車，提升了服務的本質和感知效益，同時，物流業者因為願意投資新的解決方案，而顯著節省了成本、提高多溫物流服務系統的效益。但別忽略一件事，終端使用者並沒有因為這些新投資而要付出額外的成本、甚至反而享有更好的服務品質。物流業者節約的成本，可以轉化成回饋顧客的競爭優勢。」

事實上，這樣的「全溫層物流」不只限於單一業者的投資，也是物流產業鏈一套理想的整合平台。郭儒家後來說動了大榮貨運、大和物流和太世科技，共同建立台灣第一座採用「軸幅式」運輸模式的協同貨物運輸平台。這座投資二億元、帶有實驗性質的多溫層共配營運平台正式啟動。原本的個別轉運站經過整合後，成為所有結盟業者共同使用的聯合服務中心和速配站，上游的收件對象也進一步擴大，含括了生產（產地和工廠）、通路（賣場和門市）、消費者（個人和公司行號）。更重要的是，原先要購置各種低溫、常溫和快遞車輛的投資，現在通通只要一般貨車就能達成配送任務。

當時「全溫層物流」有大榮貨運、台灣宅配通、中華郵政、統一速達等企業機構相繼採用。以統一速達執行全台 7-11 統一超商訂單的流程為例，工作人員接獲訂單後，會先把貨品整理到蓄冷箱、再依需要置入適當溫度的蓄冷片，裝箱堆疊後就拉貨上車，直接配送到門市

下貨──從 18℃ 的御飯糰、三明治或御便當，到 5℃ 的飲料和 -25℃ 的冷凍食品，只要一輛貨車、單趟配送就搞定。統一超商 300 多家門市一年的共配效益高達 1100 萬元，影響該公司 10 億以上的營業額。

　　「我們投資新台幣二億元後，結算初步毛利提高了一倍，配送時間節省了 3.5 小時（相當於提高 30% 的配送效率），同等運量規模的整體投資，大約節省了 70%，效益相當顯著。」工研院的專案報告清楚列出這項全國第一件策略性服務導向的業界科專計畫所展現的驚人效益數據。報告中也進一步揭示：「我們也預估在擴大使用這套全溫層物流系統後，本地的宅配產業將從 2003 的 40 億、2005 年 90 億的經濟規模，到 2010 年成長到 200 億，全面帶動台灣物流、金流、農漁和居家服務產業的創新發展。」

[圖三：全溫層物流系統]

資料來源：郭儒家

⌛ 個案總結：全溫層物流的金三角分析

如果運用「NSDB」金三角的分析架構，分析全溫層物流服務系統的價值創造，就會產生如下表的分析結果：

[表一：全溫層物流服務系統的 NSDB 金三角分析]

	案主	工研院能源與資源研究所
需求分析	挑戰	冷凍技術領域在空調設備發展已成熟飽和，能資所期待能夠將此技術加以運用，創造新的應用領域與市場機會。
	市場情境	• 國內社會的飲食習慣逐漸走向效率精緻化，並且注重食材品質，鮮食市場與低溫食品物流市場快速成長。 • 宅配市場前景可期。
	目標使用者	保鮮食品物流業者。
	使用者需求	運貨能夠少量、多樣、新鮮、高頻率、即時、高效率，並且能夠節省成本。
方案分析	使用情境	運送貨品時，整體配送路線設計、貨物轉運中心配置。
	解決方案	多溫共配物流系統：蓄冷保鮮模組、多溫層蓄冷片、溫層監視器、RFID 辨識系統、資通管理系統六大科技核心元素。

差異分析	競爭情境	已有日本宅配物流業者系統引進台灣宅配物流市場。
	差異化	• 車體使用壽命長、配裝容易有彈性、運送過程貨品均溫性高。 • 申請 45 件專利、29 項商業機密。
效益分析	效益	**對使用者：**節省投資成本 70%、貨品配送率提升 35%。 **對案主：**數倍技術轉移的營收。

[全溫層物流的「NSDB」價值主張]

根據全溫層物流服務系統的 NSDB 金三角分析，其 NSDB 價值主張的組合為：

針對保鮮食品的物流業者對運貨能夠提升配送效率，並且能夠節省成本的需求

開發多溫共配物流系統的解決方案

藉由使用壽命長、配裝有彈性、運送均溫性高等差異化

為方案使用業者節省成本 70%、提升配送率 35%，以及為能資所增加數倍技術轉移的營收

Chapter 4

好點子都躲在哪裡呀？
——創新商機藏在未被滿足的
顧客需求中

Chapter 4

好點子都躲在哪裡呀？
──創新商機藏在未被滿足的
顧客需求中

　　H 公司是台灣科技產業發展最典型的製造商，最早是代工電腦零組件的 OEM，後來發展為電腦產品的 ODM，為了提升公司在全球市場的競爭力，甚至投資品牌行銷，晉身為全世界最大的品牌電腦商之一，並將小王升任為公司的創新研發處長。為此小王到工研院取經創新的根本之道，學習「NSDB」的創新方法論。根據 NSDB 的模式，小王首先需要學習的就是需求探索，懂得挖掘市場的新商機，這代表小王要從技術導向的研發思維轉換為市場導向，不僅要知道如何進行市場分析，辨識市場商機（需求）為何，還要找到公司具有競爭優勢的市場商機。在學習的過程中，小王對讓 Apple 公司起死回生的 iPod 案例特別有興趣，因為小王也在思索如何進入 H 公司尚未進入的新市場，他非常好奇賈伯斯為什麼對數位音樂市場這麼有眼光，而且原來是電腦提供商的 Apple 如何能夠開發出創造如此高價值的數位音樂播放方案（iPod+iTunes）……

⧗ 投資一定有風險，請先做好「市場研究」

　　企業成長必須持續創新，而創新需要打造令顧客心動的價值主張，價值主張代表顧客為什麼與你而不是與你的競爭對手做生意的理由，也說明你提供給顧客解決問題的方案如何為顧客創造價值，除非你與顧客溝通過並了解顧客需求，否則你是沒有辦法提出令顧客心動的價值主張的。根據「NSDB」價值主張的邏輯，打造一個對顧客價值「加倍奉還」的價值主張，起始於顧客需求（Needs）。曾有一項研究顯示，高達80%的研發計畫無法產出商品化的成果，而33%至60%已上市的新產品或服務沒有產生足夠的經濟價值，造成企業研發投資的報酬不足，而且愈是前瞻的新產品或服務，研發投資的風險愈高，因此企業從事研發創新經常會面臨投資與報酬兩難的困境。這項研究發現，不夠市場導向是研發計畫無法產生經濟效益的最主要原因，換言之，研發創新失敗的主要原因為市場需求分析不夠，研發出來的新產品或服務沒有辦法滿足市場需求。

上述研發創新的困境同樣會發生在台灣許多擅長代工模式的製造業者，另一項針對全球650個領先製造商的研究指出，推出新的產品和服務是企業成長的第一要素，然而，產品或服務創新仍然不是受訪廠商最重要的優先順序，因為50％到70％的新產品或服務推出會失敗的第一項主要因素，便是製造商對顧客需求的資訊不足，其他因素則包含：供應商能力不足、不願在研發上撥出額外開支，以及製造商的創新方法無法支援產品、顧客與供應鏈三者所需要的整合。而這些因素在台灣對長期代工為主的製造商而言，更是阻止其成長甚至危及其生存的死穴，由於代工主要是滿足下游廠商在降低生產製造成本的需求，通常對消費市場的顧客需求了解有限，夾在供應鏈中游的製造商又常受限於上游廠商的供應能力及下游廠商的成本要求，所以投資在新產品或新服務的研發資源就容易面臨投資報酬率的質疑，而資源原本就不足的眾多中小企業，是否有能力從事瞭解市場需求的市場研究，就變成「但是又何奈」的辛酸。

⧖ 一切創新都從「分析市場需求」開始

企業的永續生存需要不斷地創造新的價值，縱使面對研發創新與投資報酬的兩難要求，企業還是要運用對的創新方法。找到對的市場需求是企業創新的第一要素，所以「NSDB」金三角的分析方法強調，企業要成長，便需要投入新產品或服務的研發，首先要從市場需求分析開始，其中市場需求分析又可進一步區分為「市場分析」與「需求分析」。

市場分析著重於找出市場機會的源頭，確認市場需求的目標對象，也就是企業研發所欲服務的顧客群（市場區隔）。

而需求分析著重於找到某市場區隔的真正或重要需求，需求指的是目標顧客對某項產品或服務的偏好，包含不同的市場區隔對需求的異同、需求的規模、以及需求成長的速度與軌跡。

一個市場區隔是由一群具有共同特質（或需求）的顧客所組成，例如：某手機廠商將其智慧手機的目標使用者設定為在都會工作的白領階級。而不同的市場區隔對相同產品或服務的特性也會有不同程度的需求，例如有些智慧手機的白領使用者比較重視手寫與筆記的功能，而年輕的手機族群可能強調照相及自拍的功能，所以手機廠商會根據不同的需求發展及行銷手機的特性，達到市場區隔的目的。

企業通常會先選定某一特定市場區隔，集中力量發展在此區隔的競爭優勢，在逐漸成為此區隔的領導者後，再擴展到相關的市場區隔。所以市場需求分析的主要目的有二：（1）找到對企業具有商機的特定市場需求與（2）確認企業有能力滿足此市場區隔的顧客需求。美國兩位知名的管理學者Ram Charan和Noel Tichy在其合著的《經營成長策略》（Every Business is a Growth Business）中就指出，只要能找到需求尚未被滿足的市場機會，或是開發出比既有產品或服務更能滿足顧客需求的新產品或服務，每家企業都可以是高成長的企業，而企業成長模式可以根據顧客需求而定，如下圖一所示：

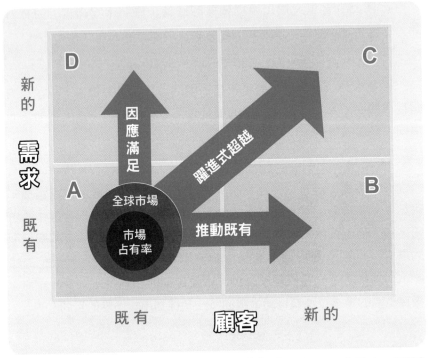

[圖一：企業成長模式]

資料來源：Charan & Tichy; 2000

　　圖中的方格A代表一家企業以既有的產品或服務滿足既有顧客（市場區隔）的需求，也就是此企業的產品或服務目前在全球市場的市場佔有率，企業若要成長，必須有能力服務新的顧客或滿足新的需求，因此其成長的模式有三：

❶ 推動既有產品或服務（方格 B 模式）：

　　以既有的產品或服務去滿足新找到的市場區隔，前提是企業有進入此市場區隔的競爭優勢，例如某手機廠商在一些新興市場國家具有品牌優勢，把舊式樣的手機重新包裝以較低的價格賣到這些國家收入較低的用戶。

❷ **因應既有顧客新需求（方格 D 模式）：**

在既有的市場區隔發現新的顧客需求，並開發新的產品或服務去滿足新的需求，例如某手機廠商在目前以追求時尚為主的手機用戶發現這群顧客特別喜歡炫耀他們的手機，於是結合某時尚品牌廠商的設計，推出高價限量版的時尚手機。

❸ **找到新顧客，滿足新需求之躍進式超越（方格 C 模式）：**

企業發現新市場區隔的新需求，並開發新的產品或服務來滿足新的顧客需求，通常這種突破式的創新會帶給企業躍進式的成長，例如Apple開發的iPhone就是針對喜歡以手指觸控來操作手機的手機用戶，以手指觸控操作手機代表新的需求，而這群用戶也代表在傳統手機市場產生新的市場區隔。

⧗ 到底「市場分析」憑什麼如此必要？

市場分析首先要辨識能創造價值的市場機會，找到具有足夠經濟規模的市場區隔，也就是具有共同需求或特質的顧客群要夠大，市場的需求量必須達到值得企業投入並可以獲利的規模，否則企業開發出再先進、再前瞻的新產品或服務，也會落得「壯志未酬身先死」的下場。

雖然研發前先進行市場分析對研發人員或投資者是很簡單的道理，可是研發計畫的失敗率還是如此之高，而在市場慘遭滑鐵盧之役的新商品也是屢見不鮮。例如，Apple最早推出個人數位助理器

（PDA）的牛頓（Newton），產品與技術創新雖然舉世矚目，當時把創辦人賈伯斯趕出公司的執行長史考利（Skulley）更視牛頓為公司的代表產品，但是市場需求評估錯誤，產品推出時機過早，銷售遠低於預期目標，牛頓還是被市場淘汰，而史考利難推其咎因而下台，也間接促成賈伯斯重返Apple。

就此而言，企業最忌諱一有自以為不錯的創新構想，未確實進行市場需求分析前，便一頭栽下去新商品的研發，結果新商品開發出來後，卻不知道市場在哪裡，造成新商品該賣給誰，該如何賣的問題，結果變成賣不出去或賣不好商品的虧損狀態。當然，全球競爭的市場瞬息萬變，影響市場變化的因素多如牛毛，任何人都無法精確地評估或預估市場規模，遑論尚未上市的新商品對未來市場變化的影響。因此，**市場分析是一項經常性的工作，即使已決定進行新商品的研發，也要隨時注意市場的變化**，從事市場分析時，無須過度強調數據的精準度，但是要關注數據作為決策判斷的可靠度，而決策者除了市場分析的數據外，也不要忽略本身的經驗或直覺，所以市場分析最重要的是結論，而結論是結合科學與藝術，理性與感性，數據與直覺的綜整判斷。

⌛ 市場分析第一步，先要辨識市場商機所在！

為了找到企業值得投入的市場，企業通常會在企劃、行銷或研發部門設置專人專責的團隊或專門的分析部門進行市場分析，市面也有許多市場分析的工具及方法，企業也可以購買市場研究機構的報告，或委託專門的顧問公司進行市場分析。

　　市場分析就代表企業發展所需要的眼睛，沒有進行市場分析的研發或企劃，就像「瞎子過河，摸不著邊」，只能全憑運氣，而好的市場分析就像「眼睛看透三層壁」般，可以看到別人看不到或尚未看到的市場商機。

　　如何在眾多干擾市場變化的不定因素中，能看到創造價值的市場商機，是市場分析的第一步。套用業界常用的「PEST」（或「STEP」）分析工具，將影響市場商機可以歸納為四種變化：**政治與法規的變化（Political）**、**經濟的變化（Economic）**、**社會與文化的變化（Socio-cultural）**、**科技的變化（Technological）**，成功的市場分析可以瞭解這四種變化所產生的市場機會。

　　我們延續第二章iPod的案例（P.050），雖然我們不確定當年賈伯斯的團隊是否運用類似PEST的方法進行市場分析，但是就當年隨身音樂播放器市場的PEST分析（如表一）就可以發現，當時數位音樂市場的需求並非市場主流的MP3音樂播放器，而是一個可以簡單、便宜且合法下載任何數位音樂單曲的平台，也就是iTunes，而iPod本身是搭配iTunes下載音樂的播放載具，Apple反而是根據使用者的特質，將iPod區分成不同的市場區隔，推出不同的iPod產品系列，例如iPod Mini、iPod Shuffle、iPod Nano及iPod Touch，擴大Apple在全球音樂播放器市場的佔有率，並成為數位音樂市場的領導者。

[表一：iPod案例的PEST分析]

政治與法規的 （Political）	• 市場上數位音樂盜版猖獗，數位音樂因為容易盜錄複製而受到唱片業的抵制。 • 唱片業大張旗鼓組成音樂資產保護聯盟如 IFPI，宣揚保護數位音樂對產業發展的重要性，並遊說政府修法，正視數位音樂遭侵權盜錄的問題。 • 唱片業要求執法當局加強取締網路傳遞非法數位音樂，並不斷地透過訴訟捍衛權利。
經濟的 （Economic）	• 網路分享數位檔案的 P2P 技術當道，電腦使用者往往基於經濟考量，樂於傳遞與聆聽免費但非法的數位音樂。 • 消費族群認為必須購買整張 CD 內所有歌曲的商業模式並不划算。 • 網路經濟泡沫化，使許多投資者怯步，增加網路相關事業的籌資難度。 • 由於市場產品選擇多，消費者傾向購買經濟實惠，特別是儲存容量高、容易操作與攜帶的音樂播放器。
社會與文化的 （Socio-cultural）	• 從 Sony 推出「隨身聽」以來，音樂消費者喜愛隨時隨地可以聆聽音樂，對隨身音樂播放器需求一直存在。 • 許多數位音樂的愛好者通常也是創新科技的追隨者。 • 世界各地都有死忠的 Apple 迷及賈伯斯粉絲，形成特有的 Apple 社群網絡，協助鼓吹及行銷 Apple 產品。

科技的 （Technological）	• MP3 是數位音樂市場將數位聲音檔案壓縮最流行的音訊壓縮格式。 •隨身音樂播放器的技術與檔案格式推陳出新，眾多廠商也投入研發，生產新世代的播放器。 •唱片公司為防止盜拷，發展數位版權管理（Digital Rights Management, DRM）技術保護其音樂資產。 •數位音樂播放器生產廠商多，競爭激烈，各家的播放器技術差異性低。

⧗ 做市場分析時，
也別忘了進行企業競爭力分析！

市場分析除了從外在的環境變化找出市場商機外，也要從事企業本身對於捕捉商機的競爭力分析。

市場商機往往稍縱即逝，一方面因為外在環境變化快速，商機因變化浮現，也會因變化而消失，舉例而言，全球的綠能商機，容易受政府的環保法規而變異，而一個國家的環保法規又經常受到全球環保協定的左右。

另一方面，一家企業縱使比別家企業先看到商機，若沒有能力即時開發對應的新產品或服務去捕捉商機，眼睛再亮也是枉然；又或者開發出來的新產品或服務不具足夠的競爭優勢，就很容易被市場的競

爭對手迎頭超越，反而被競爭對手搶去商機，這種市場先驅者被後起之秀打得無法起身的商業案例簡直不勝枚舉。

　　所以市場分析不僅要衡外情，也要量己力，確定企業有超越競爭對手的能力及資源去捕捉商機，而且可以持續地保護商機不被競爭對手搶走。企業可以結合多種競爭力分析的方法與工具，例如波特五力分析、價值鏈分析、核心競爭力分析、競爭者分析及SWOT分析，從分析的結果導出企業的競爭優勢及競爭策略。

　　舉業界常用的SWOT分析為例，SWOT主要是分析組織內部的優勢（Strengths）與劣勢（Weaknesses）以及組織外部的機會（Opportunities）與威脅（Threats），導出企業的競爭策略。如果套用SWOT分析在iPod案例，如表二所示，即使是事後諸葛亮，讀者便可以清楚發現Apple當年是如何善用優勢，彌補劣勢，捕捉機會，迴避威脅，以及為何要開發跨作業系統的iTunes線上音樂銷售平台，並取得五大唱片業者的音樂授權，讓音樂愛好者以0.99美元下載合法且受保護的單曲到iPod。而配合iTunes的iPod，外觀時尚、操作簡單且儲存容量大，在Apple迷及賈伯斯粉絲推波助瀾下，上市後馬上席捲音樂播放器市場。

　　由此可見，SWOT是一個很基本的競爭力分析工具，它的結構雖然簡單，但是可以很有效地用來發展策略。

[表二：iPod案例的SWOT分析]

<table>
<tr><td rowspan="2">內部組織</td><td>優勢（Strengths）</td><td>劣勢（Weaknesses）</td></tr>
<tr><td>
<ul>
<li>企業品牌形象佳。</li>
<li>創新的企業文化。</li>
<li>穩定的供應夥伴。</li>
<li>重視消費者需求及使用經驗。</li>
<li>組織對領導者賈伯斯的信賴（賈伯斯在 1997 年帶領 Apple 度過破產危機）。</li>
<li>賈伯斯對洞悉市場的敏銳度高。</li>
<li>全世界各地死忠的 Apple 迷及賈伯斯粉絲。</li>
</ul>
</td><td>
<ul>
<li>Macintosh 作業系統不開放，使所生產的產品僅能與 Apple 電腦相容。</li>
<li>Apple 電腦與 Macintosh 作業系統的市占率低。</li>
<li>公司仍處於發展的低潮。</li>
<li>未有發展數位音樂播放器的經驗。</li>
<li>尚未進入數位音樂銷售的市場。</li>
</ul>
</td></tr>
<tr><td rowspan="2">外部環境</td><td>機會（Opportunities）</td><td>威脅（Threats）</td></tr>
<tr><td>
<ul>
<li>隨身數位音樂播放器市場持續成長。</li>
<li>線上音樂銷售市場仍屬處女市場。</li>
<li>合法下載的數位音樂市場潛力大。</li>
<li>數位音樂販售仍以整張 CD 的所有樂曲為主，尚未出現販賣數位單曲的商業模式。</li>
</ul>
</td><td>
<ul>
<li>眾多廠商已推出隨身數位音樂播放器，市場競爭激烈。</li>
<li>市面的數位音樂播放器多與Windows系統相容；消費者的PC也多數搭載Windows作業系統。</li>
<li>市場上盜版問題嚴重，數位音樂檔案（如MP3）受唱片產業抵制。</li>
<li>市場上沒有標準的數位音樂版權管理技術。</li>
<li>網路經濟泡沫化後，投資人對於網路事業投資趨於保守，可能增加籌資難度。</li>
</ul>
</td></tr>
</table>

　　市場分析在於協助企業找出本身具競爭優勢的市場商機，而需求分析則可以協助企業進一步確認重要的顧客需求，據以開發出對顧客真正有價值的解決方案，我們將會在下一章解說如何進行需求分析。

Chapter 5

開始分析你的點子是否可行吧！
——需求為創新之母，
學會如何進行 **需求分析**

Chapter 5

開始分析你的點子是否可行吧！
——需求為創新之母，
學會如何進行 需求分析

　　小王理解擁有創新目的的創造價值，若要開發出對顧客有價值的方案，就必須具備市場導向的研發思維與作為，於是潛心學習市場分析的技能與方法。

　　小王從iPod的案例得知，當年的數位音樂市場商機雖然無比龐大，但數位音樂播放的軟硬體已是百家爭鳴，市場競爭激烈，特別是MP3格式的數位音樂已蔚為主流，所有大廠都已經投入MP3播放的軟硬體，Apple公司如果只是跟著開發MP3音樂播放器一定為時已晚。然而賈伯斯在做過顧客需求調查後發現，當時的隨身音樂播放器根本無法滿足消費者多項的重要需求，於是採取與既有競爭對手不同的產品發展策略，並藉由iTunes的商業策略，創造出數位音樂享受的全新商業模式，成就Apple成為全世界最大的數位音樂提供商。iPod案例讓小王瞭解顧客需求分析對研發創新的重要性，顧客的價值創造起源於發掘顧客真正的需求……

⧖ 你要賣什麼以前，先想想顧客想買什麼吧！

　　許多研究都指出，研發創新計畫失敗的主因是不夠市場導向，因此市場分析成為任何研發計畫的前導步驟，由於市場是由一群具有共同需求的顧客所組成，市場分析的首要目的為發掘對企業有價值的目標市場，任何企業所要進入的目標市場也必須對企業有足夠的市場規模，而需求分析在於找出對顧客有價值的重要需求，企業才得以研發及提供滿足需要的顧客方案。

　　市場分析在於辨識市場的商機所在，但是企業為捕捉市場商機，必須提供滿足市場目標顧客需求的方案（技術、產品或服務），而且必須具備發展顧客方案的核心能耐。需求分析與市場分析，如圖一所示，是一體兩面、互為依存、相輔相成的關係，最終是希望找出企業具有競爭優勢的「重要顧客需求」，企業可據以開發滿足需求的顧客方案，如此顧客願意購買企業所提供的方案，企業投資也因此有所回報，創新的結果成為企業與顧客創造雙贏的價值。

[圖一：市場分析與需求分析的關係]

⏳ 顧客需求分析──以iPod為例

再以第二章的iPod為例（P.050），自從Sony在1979年發表全球第一台隨身聽開始，隨身音樂播放器成為潮流，特別在MP3的數位音樂壓縮技術推出後，各大廠商積極投入MP3隨身聽市場的開發。而網路檔案傳輸技術的快速發展，使得儲存空間小、上傳下載速度快的MP3檔案逐漸應用於各式各樣的音樂播放場合，但也因此助長侵權數位音樂檔案在網路大量散播，逼著唱片業者採取自保的手段，聯手美國司法部取締並控告侵權的音樂網站，甚至個人。

而當時的賈伯斯剛回到他所創立的Apple公司，但Apple的電腦事業發展尚不理想，為避免再度面臨經營危機，賈伯斯急欲有一番新的作為，希望能推出讓Apple起死回生的產品。**他看到數位音樂市場的龐大商機，發現數位音樂隨身聽市場的消費者需求尚未被滿足**，然而選擇在此時切入數位音樂相關領域並不被看好。首先，相較於各大廠商早已開始研發各式各樣的數位音樂播放器，Apple進入時間相對較晚；再者，當時的音樂傳輸、服務平台，皆是以Windows作業系統為主；而且Apple從未開發過令人驚嘆的消費性電子產品，缺乏實際績效。

於是 Apple 採取不同的產品發展策略，相較於其他競爭者以推出數位音樂播放器（硬體）為主，Apple 於 2001 年 1 月，首先推出 iTunes 音樂播放軟體；iTunes 除了可播放數位音樂與視訊檔案外，還能方便使用者管理這些檔案。此外，iTunes 能連結 iTunes Store，使用者可在此下載購買合法的數位音樂、視訊、電視節目、遊戲等。雖然 Apple 號稱 iTunes 是「全球最佳及最好用之點唱機軟體」，當時市場上對 iTunes 的反應極為冷淡。儘管市場上普遍不看好，Apple 仍決心研發數位音樂

隨身聽。於是賈伯斯指派員工進行需求分析，發掘數位音樂隨身聽真正未被滿足的重要需求，並決定在 9 個月後的聖誕節時推出新產品。

　　賈伯斯指派的員工在需求調查中，發現時下幾項數位音樂隨身聽的重要問題，第一、消費者喜愛的CD可能有數百張，但大多數音樂播放器卻僅能儲存10多首的歌曲，如果消費者想要聽其它喜愛的歌曲，則必須重新存取，非常麻煩；第二、若使用儲存容量大的音樂播放器，則體積過大，不利攜帶；第三、部分音樂播放器的控制按鍵太多，增加消費者操作上的困難；第四、競爭對手無法掌握數位音樂產品的全貌，例如：Microsoft只生產作業系統、Dell由外部採購硬體，而Apple可試圖一手包辦所有硬體、作業系統、應用軟體與播放器的設計。

⧗ 來深入了解一下什麼是「顧客需求」吧！

　　顧客需求是在企業所提供的方案中，可以對某顧客群產生效益的描述，例如：對老年人安全無虞的交通工具或可以讓老年人吃得更健康的食品。需求代表顧客對某項方案的渴望程度，這種渴望是因為顧客認定這項方案並不存在，或市場上既有的方案還不夠好，就企業提供的方案是要解決顧客問題的觀點而言，顧客的需求來自：

❶ 顧客還未被解決的問題，例如汽車的操作對許多老年人而言過於複雜。

❷ 希望比現有方案更能解決問題的方案，例如許多食品的成份標示不夠清楚，老年人容易誤食或過度使用。

再以前述iPod為例，iPod的顧客需求來自目標顧客使用數位音樂隨身聽所遇到的問題，表一說明如何將數位音樂隨身聽使用者的重要問題轉化為重要需求，轉化前要先界定目標使用者。

[表一：將數位音樂隨身聽使用者的 重要問題轉化為重要需求]

目標使用者： 追求潮流及音樂享受，但又不用擔心音樂侵權的數位音樂隨身聽使用者。

重要問題	重要需求
• 播放器按鍵太複雜	• 簡易的操作介面
• 播放器體積太大	• 容易攜帶
• 無法僅選擇喜愛的歌曲	• 可以挑選音樂
• 播放器無法儲存太多歌曲	• 高儲存容量
• 設計不夠新穎	• 結合軟硬體及平台
	• 設計新穎流行

西方有句諺語：「將問題定義好，問題就解決一半了。」（"A problem well defined is a problem half-solved."），發掘顧客需求就是找出顧客的問題，針對解決顧客問題所提出的顧客方案才能滿足顧客需求，顧客問題的程度代表需求的程度，愈是讓顧客覺得「痛」的問題，愈是重要的需求，就像偏頭痛的患者，頭痛發生時是迫不及待需要止

痛藥才能止痛，這就是重要的需求。例如當年華碩開發的小筆電，就是針對許多害怕使用一般筆電的老年人，他們的「痛」來自一般筆電功能太多，使用太複雜了。

　　一般而言，重要需求具有幾項特質：很大的市場機會、會影響很多人、不容易被取代，以及有急迫性。舉例而言，在台灣因為高齡化社會趨勢產生許多老年人生活的問題，其中老年人的醫療照護就是重要的需求，市場商機龐大，影響所及不只老年人，也擴及老年人的家人。對老年人及其家屬而言，老年人的醫療照護是無可避免的需求，一旦發生，就顯得非常的急迫；對政府而言，老年社會所要建構的醫療照護體系，更是社會發展無法忽略的一環，是極具急迫性的社會需求。但是，對可以提供方案的企業而言，老人醫療照護的市場還是過於龐大，鮮有單一企業提供的方案能滿足所有的需求，除了要進行市場分析，找到比市場競爭者更具優勢的市場區隔外，還要針對此市場區隔的目標顧客進行需求分析，確認此顧客需求對企業而言是尚未被滿足的重要需求，如此企業根據重要需求所研發出來的方案才能真正創造顧客與企業價值。

表二以 iPod 為例，根據顧客需求的特質說明，iPod 是可以滿足數位音樂隨身聽市場的重要需求：

[表二：iPod 是市場重要需求]

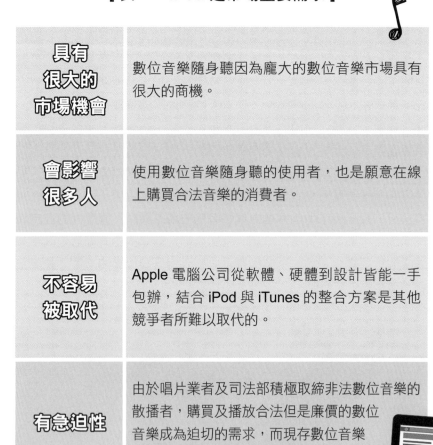

具有 很大的 市場機會	數位音樂隨身聽因為龐大的數位音樂市場具有很大的商機。
會影響 很多人	使用數位音樂隨身聽的使用者，也是願意在線上購買合法音樂的消費者。
不容易 被取代	Apple 電腦公司從軟體、硬體到設計皆能一手包辦，結合 iPod 與 iTunes 的整合方案是其他競爭者所難以取代的。
有急迫性	由於唱片業者及司法部積極取締非法數位音樂的散播者，購買及播放合法但是廉價的數位音樂成為迫切的需求，而現存數位音樂隨身聽的功能與消費者需求不符。

⏳ 真正的需求為何如此難發掘？

　　真正能創造價值的需求是解決顧客重要問題的需求，然而對許多企業，特別是以「技術推動」為主的方案提供者而言，真正的重要需求往往卻是難以發掘的，最主要的原因是解決方案的開發者如果無法跳脫框架，容易受限於自己的技術專長與自信，侷限在自己的專業領域或工作範疇，畢竟根基於自己的偏見或先入為主的觀念太強，就會導致無法設身處地地去發掘顧客需求與開發顧客方案，不容易發現目標顧客的重要問題，最後在「不知道哪裡發生問題」的情況下，就是以現有技術，來盲目地尋找市場。

　　相對地，「市場拉動」的做法，則是先找市場，才有技術，可是這種做法的困難度也是很高的，即使是受過市場研究或行銷訓練的專業人員，也不容易發現市場未被滿足的需求，如果以傳統市場研究的方法直接問顧客，顧客受限於自己的經驗，也很難去表達他們真正的需求，問到的往往是顧客「想要的」，而不是真正「需要的」，所以真正的顧客需求往往是被發現的，而不是研究出來的。賈伯斯就曾多次強調，他不相信現在的市場研究方法可以找出創新的來源，對他而言，洞悉顧客需求最重要的方法就是敏銳的觀察力，這有賴於觀察者本身多元的文化背景與豐富的人生經驗，平常就要養成觀察的習慣，要能突破思考框架，不要預設立場，專注於觀察使用者及自己的使用經驗，才能觀察並發現他們真正的需求。

許多人認為需求是可以被創造的，但是事實上，需求不是創造出來，而是一種發現，這就是「科技始終來自人性」的真正意涵，人性無法創造，然而滿足人性需求的方案可以創造。而且根據相同的需求，可以創造出很多不同的方案，其中真正能滿足重要需求的構想稱之為創新，否則只是創意而已，台灣有許多無法創造顧客價值的創意，但是浪費了更多投資卻沒有報酬的研發資源，所以真正的創新者並非創意十足的發明家，而是觀察力強的探索家，能發現別人發現不到的真正需求。

　　真正的觀察力就如同法國意識流作家 Marcel Proust 所言：「真正的發現之旅，並不在於尋找新的風景，而在於擁有新的眼光」（"The real voyage of discovery consists not in seeking new landscapes, but in having new eyes."）。這也是西方人為什麼強調創新最需要「跳脫框架」（jump out of box），面對同樣的現象，只有創新者能夠打破自己或傳統的思維框架，用不同的角度或視野去觀察，產生對顧客有價值的結果。

⧗ 學會探索顧客需求的方法！

　　發掘顧客未被滿足的需求有許多方法，有些囿於顧客的使用經驗，只能針對既有方案找出可以改進的需求，有些則可以預測的方式或用不同的觀點找到新需求、開發新方案。表三列舉不同的需求研究方法，礙於篇幅，這裡先不一一介紹。同樣地，如表四所示，有許多的方法可以運用在收集需求分析所需要的顧客資料。

[表三：常見探索顧客需求之研究方法]

既有市場／改良方案	新市場／新方案
• 焦點團體（Focus Group）	• 情境規劃（Scenario Planning）
• 市場調查（Market Research）	• 趨勢分析（Trend Analysis）
• 產品測試（Usability Test）	• 德菲法（Delphi）
	• 實地察訪（Field Observation）

　　一般而言，傳統的市場研究方法，例如顧客問卷調查或焦點團體，主要是詢問顧客使用某方案的意見，容易受到顧客經驗的限制，只能用於既有方案的改良，顧客常會因為沒有經驗，無法回應新方案的看法，不知道自己有哪些新需求，或不知道如何解釋新需求，所以不適用於新需求的探索。然而新需求探索的方法，例如情境規劃、趨勢分

析或德菲法，技術門檻較高，需要一定的專業訓練，才能進行。

[表四：常見蒐集顧客資訊（含問題）之方法]

- 顧客問卷
- 顧客滿意度調查
- 顧客訪談
- 顧客座談會
- 顧客資料探勘
- 次級資料的分析
- 使用者測試
- 假扮顧客

- 提供免付費電話
- 顧客服務人員熱線
- 收集銷售店員的意見
- 顧客現場觀察

　　以下我們將特別介紹幾種方法，讓有志於尋找未被滿足之新需求的你們，可從實地察訪法（觀察與訪談）開始，由於此法進入門檻較低，無需艱澀之技術能力，任何人只要有興趣，經過些許的訓練及提點，都可以隨時隨地進行實地察訪。

❶ 方法 1：實地察訪法（Field Observation）

　　實地察訪就是在現象或事件實際發生的地方進行觀察與訪談，但以觀察為主，訪談為輔，主要是在觀察之中或之後，若有觀察不夠清楚之處，再針對觀察現象或事件之當事人進行訪談。訪談的目的主要為探討及瞭解個別使用者完成某項工作的需求、行為及態度等之深層心理因素。而觀察法是指在自然、不加以干預的實際情境中，觀察者根據特定的觀察目的、觀察提綱或觀察表格，記錄自己所看及所聽，從而獲取資料的一種方法。觀察法強調在第一現場，第一時間，記錄第一手資料。

　　但有時在觀察的過程中，觀察者會就觀察所得不清楚或不明瞭之資料，於觀察事件發生之後，訪談事件的參與者。若非不得已，觀察者應盡量克制自己不在事件發生的當下介入，包括訪談，避免事件的發生受到干擾，而產生不準確的資料。有時因為身為「局外人」的旁觀者不容易取得事件當事人的內心感受或行為原因，觀察者會把自己融入事件發生的情境中，如此觀察者同時也是被觀察者。例如想要瞭解某位員工為什麼做某項工作老是出錯，可以把自己融入在其工作情境，執行其工作程序，如此自己變成局內人，除了可以貼身觀察這項工作程序外，也可以體會
這位員工的內心感受。

表五列舉觀察法的適用情況、注意事項及觀察重點；而在觀察的過程中，觀察者可在獲得許可的情況下收集下列資料：

- **正式官方文件**
  - ✓ 部門本身內部的檔案
  - ✓ 組織內部成員的個人紀錄及檔案

- **非正式個人文件**
  - ✓ 日記、信件、自傳、備忘錄

- **照片與錄影記錄**
  - ✓ 當事人自行提供
  - ✓ 研究者在研究現場拍攝

- **工作成果**
  - ✓ 研發成果、手工藝品、工作報告

[表五：觀察法]

訣竅為觀察「目標使用者（顧客）在完成某項任務或工作所遇到的困難或問題」

適用情況

- 研究的場域是公開的
- 不是日常生活中的異常現象
- 無法運用訪談或問卷了解真實的行為時

注意事項

- 需實際深入第一現場
- 避免將個人情感涉入觀察事件裡
- 隨時留意提高個人的敏銳度
- 追蹤記錄使用者及其行為歷程

觀察重點 ──5W1H 法則

Who： 在現場中有誰？他們的身份或角色為何？

What： 在此發生了什麼事？這些人做了什麼事？

Where： 現場位於何處？有什麼自然環境？環境中的空間分配及物體擺設為何？

When： 什麼時機下會讓使用者從事某項工作？

Why： 該使用者為何想完成此項工作？

How： 此項工作該如何完成？發生變化時該如何處置？

❷ 方法 2：任務導向察訪之記錄方法

由於需求探索要能不預設立場，才能「突破框架」找到重要的問題，為了協助察訪者找到真正的需求，這裡特別設計了如表六的任務導向察訪表，有利於實地察訪者專注於重要問題的發現，重點在於觀察目標顧客於完成某項任務所遇到的問題，進而找出真正的顧客需求，而不是目標顧客目前使用的方案。

[表六：任務導向察訪表]

任務描述：
- 使用者在何種情境下想要完成之事項
- 描述方式要含三要素：【情境】、【行動】、【目標】

目標使用者：
- 要完成某項任務的使用者族群

困難與障礙：
- 使用者欲完成任務事項可能遭遇之困難與障礙

　　所謂任務導向指的是，察訪者要觀察使用者完成一項任務所遇到的困難或障礙，任務的描述包含「情境」、「行動」與「目標」。以「網路上可以下載既合法又便宜的音樂單曲」任務為例，網路是「情境」，下載音樂是「行動」，既合法又便宜的單曲是「目標」。任務的描述不應該包含目標顧客使用的方案，如此才不會掉入先有答案，才去找問題的陷阱。

　　以表七的反例說明，其任務描述並非使用者欲完成的任務，而是晚上運動之族群想要的「自行車道」方案，所以困難或障礙指的是「自行車道」方案可以改善之處，並非完成任務會遇到的問題。在表八的任務描述中，夜間運動是情境，騎乘自行車是行動，舒適安全是目標，如此的描述使得晚上想騎自行車運動的族群可以有許多可能不同的方案，例如買輛腳踏車運動器在家運動或到健身房騎腳踏車運動器，就可以避免人車爭道等夜間騎乘自行車的問題。

【 表七：錯誤的反例 】

任務描述：

有個安全可供夜間騎乘之自行車道

目標使用者：

想要晚上運動的人

困難與障礙：

❶ 沒有自行車道
❷ 自行車道不夠明亮
❸ 自行車道不夠寬
❹ ……

【 表八：正確的範例 】

任務描述：

在夜間可以安全舒適騎乘自行車運動

目標使用者：

想要晚上運動的人

困難與障礙：

❶ 人車爭道
❷ 夜間看不清楚道路
❸ 夜間看不到安全警告標示
❹ ……

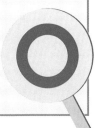

Chapter 6

顧客要的，其實沒有你想的那麼複雜？
——**創新！**創新就是
滿足顧客需求的最佳方案！

Chapter 6

顧客要的，
其實沒有你想的那麼複雜？
——**創新**！創新就是
滿足顧客需求的最佳方案！

　　小王所任職的H公司是台灣典型的資通訊產品製造大廠，對大部分的員工而言，公司的核心業務在於開發及生產資通訊產品，研發產品及改良製程是公司的核心能耐，開發以硬體為主的產品也是大部分研發人員根深柢固的研發思維。但是小王在學習工研院的創新方法論後，特別是從Apple所開發iPod（產品）+iTunes（服務）的案例中，深刻瞭解再高超的技術或再優良的產品也都不是顧客掏錢購買的真正原因，顧客會購買的是解決他們重要問題的方案，創新的根源是滿足顧客需求，創新的目的是創造顧客價值，技術、產品及服務都只是滿足顧客需求與遞送顧客價值的載具。所以小王為轉換同仁從「產品製造」到「價值創造」的研發思維，特別商請老王除了iPod案例外，再以Eee PC案例教導同仁如何開發滿足顧客需求的解決方案……

⧗ 創新從哪來？
從市場價值與技術價值的交集來發掘！

美國已故的行銷管理大師 Theodore Levitt 曾說：「人們不會想要 1/4 吋的鑽頭，他們使用 1/4 吋的鑽頭是因為他們需要鑽一個 1/4 吋的洞。」（"People don't want a quarter-inch drill. They hire a quarter-inch drill because they want a quarter-inch hole."），這句話指出顧客購買的不是產品或服務，他們真正需要的，是可以為他們解決問題的方案──鑽個 1/4 吋的洞是所謂的「顧客問題」，購買 1/4 吋的鑽頭加鑽孔機是「解決方案」。就像人們不會無緣無故地購買電腦，購買的主因是人腦有其限制，人們用電腦來處理文書、記憶或計算等作業，會比人腦更有效率。

顧客不會購買他們沒有需求的東西，即使他們因為好奇心或在別人慫恿下而衝動地購買了某項用不到的產品，那也是在滿足顧客一時的心理需求，解決顧客一時的「心理問題」。所以產品或服務只是解決顧客問題的載具，滿足需求的方案才是導致顧客購買的真正原因，再炫、再精緻的產品服務若無法滿足顧客真正的使用或心理需求，即使一時間能迷惑顧客，引發他們購買或炫耀的慾望，但其終究是對他們沒有用的方案，所以鮮有顧客會願意當第二次回購的「冤大頭」，就算有好了，通常也是其他需求因素所促成。

如前一章所言，顧客需求才是創新的根本，創造顧客價值才是創新的目的，所以在研發解決方案前，應該先瞭解顧客需求，特別是顧客的「重要需求」。需求來自顧客未被解決的問題，或者顧客不滿足現有的解決方案。滿足需求及創造價值才是顧客購買真正的原因，而提供顧客解決問題的方案才是企業經營最主要的目標，就此觀點而言，創新就是滿足需求的新解決方案，而創新的實踐來自市場價值與技術價值的交集。

無論是產品創新、服務創新、技術創新、流程創新或商業模式創新，創新首重洞察顧客未被滿足的需求，所以先要進行市場分析及需求分析，再根據顧客需求以及企業的技術能力（核心能耐），打造出能滿足顧客需求的解決方案。

⧖ 創新不只一種？找到適合你的創新模式

　　如圖一所示，我們將創新依顧客需求滿足的程度，以及解決方案的新穎程度區分為四大類型，其中顧客需求代表市場的商業價值，而解決方案代表技術的商業價值，創新程度愈高，所能創造的商業價值就愈高。

【 圖一：不同創新類型的矩陣（以膝上型電腦為例 ）】

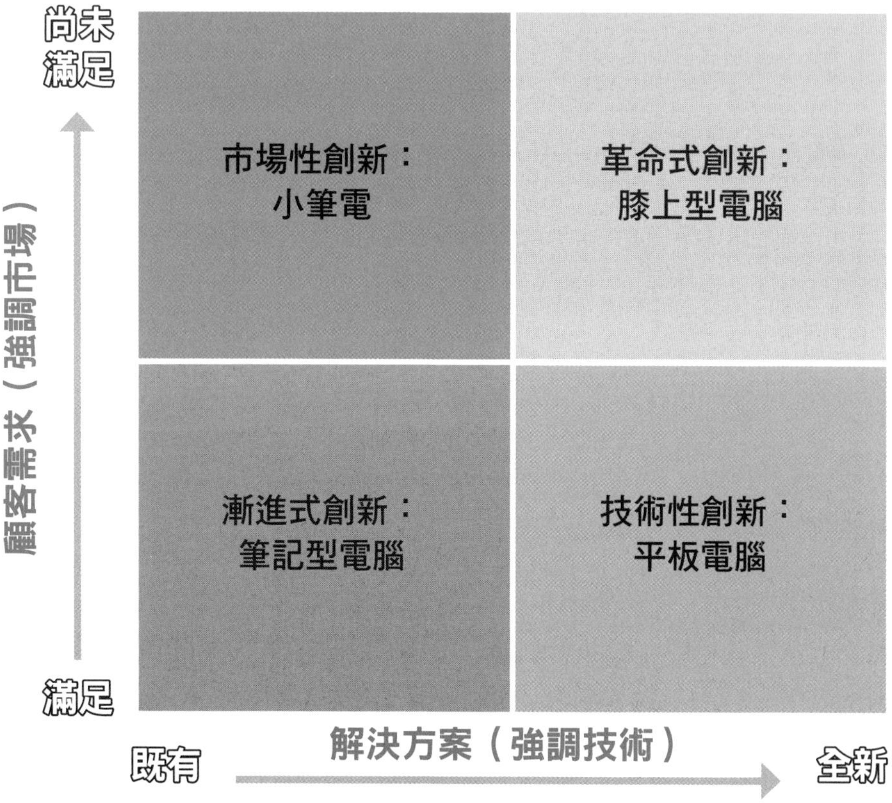

```
尚未
滿足
                市場性創新：         革命式創新：
  ↑              小筆電              膝上型電腦
顧
客
需
求
（
強
調
市
場
）
                漸進式創新：         技術性創新：
                筆記型電腦            平板電腦

滿足
    既有      解決方案（強調技術）           全新
              ───────────────→
```

❶ 革命式創新（Revolutionary）

革命式創新是指以全新的解決方案滿足市場上尚未被滿足的顧客需求，例如世界第一台商業膝上型電腦（如 P.105 圖一右上角區塊），這類創新代表方案提供者不僅有「市場能力」——發掘尚未被滿足的顧客需求，還有「技術能力」——開發競爭者所沒有的解決方案，因此方案提供者往往是新市場的第一進入者，享有許多第一進入者的競爭優勢，而成為市場的領導者。

但是革命式創新也必須考量市場的接受度及技術的成熟度，否則技術尚未成熟，過早進入市場，不僅無法成為市場的先鋒，反而可能壯志未酬便成為市場烈士，歷史有太多市場時機不對的革命式創新，往往革命不成便壯烈成仁，最後由革命的追隨者來收割創新的果實。再者，通常成功的革命式創新因為市場需求強烈，市場規模龐大，在市場推出後，立即就會吸引眾多的追隨者進入市場，以漸進式或技術性創新與之競爭。

舉例而言，現在的筆記型電腦（Notebook）、小筆電（Netbook）及平板電腦（Tablet）都是由最早的膝上型電腦（Laptop）所創新演化而來的，但大多數的讀者並不知道第一台的商業膝上型電腦是於 1981 年推出的 Osborne 1，此電腦重 23.6 磅（10.7 公斤），售價為美金 1,795 元，縱使 Osborne 1 在上市初期有不錯的商業成果，但也吸引了眾多強大的市場競爭者搶食市場，很快就抵不過市場的強烈競爭，Osborne 公司在 1983 年 9 月就宣告破產，隨後便關門退出市場。

❷ 漸進式創新（**Incremental**）

漸進式創新是以改良過而非新發明的方案去滿足既有的顧客需求，如 P.105 圖一左下角區塊所示的筆記型電腦，此類創新方案提供者通常是改進既有方案的樣式、功能、表現或價格，開發出對顧客比較划算之方案，以比較好的性價比在既有的市場競爭。

一般而言，其他創新類型的方案一旦在市場推出後，競爭者就會競相推出漸進式創新，以較能滿足顧客需求的方案爭食市場大餅；曾有一項研究指出，沒有申請專利保護的產品會被 6-10 個競爭者抄襲，平均有 1/3 的新產品會在 6 個月內被抄襲！既使是受到專利保護的創新，競爭者也可以逆向工程（**Reverse Engineering**）或專利迴避的手段達到漸進式創新的目的。

舉例來說，上述的 Osborne 1 雖然是世界第一部的商業膝上型電腦，也取得市場初期的勝利，但馬上就有許多更強大的競爭對手如 Epson、HP、IBM 及 Apple 等公司相繼推出重量更輕、速度更快、功能更強及價格更便宜的漸進式創新方案， Osborne 公司也因為這些追隨者的競爭壓力，在市場尚未站穩腳步前，便不支倒閉，退出市場。由於市場對外型輕薄短小，使用方便容易的攜帶性電腦有持續性需求的成長，而電腦硬體及軟體技術也不斷地演進，因此膝上型電腦經過許多漸進式的改良，演變為今日的筆記型電腦、筆觸控平板電腦與小筆電。

❸ 市場性創新（Market-based）

市場性創新以既有或改良過的方案去滿足尚未被滿足的市場需求，重點在於開發出新的市場或重大突破既有市場的規模，而不是研發新的方案技術，例如 P.105 圖一左上角區塊的小筆電，這類創新的重點多是商業模式的創新，亦即打造出市場競爭對手所沒有的價值主張，例如搭配 iPod 的 iTunes。

iPod 硬體本身只是設計較為新穎的數位音樂隨身聽，但是 iTunes 卻是以軟體方式打造全新的價值主張，攻佔需求尚未被滿足的數位音樂市場。又如創新管理大師 Clayton Christensen 最為人知的「破壞式創新」（Disruptive Innovation），意指創新方案破壞市場原有的結構，本質上與市場性創新是異曲同工之妙，Christensen 曾舉華碩最早推出的 Eee PC 為例，說明小筆電是結合破壞式及市場性創新的代表，小筆電以改良式的筆電技術，針對那些購買不起或不敢使用傳統筆電的顧客，創造出新的小筆電市場。值得注意的是，由於市場性創新著重針對不同的顧客需求開發新的價值主張或商業模式，本質上不是技術的創新突破，市場進入門檻較低，創新容易模仿或追趕，一旦成功後，市場很快就會出現模仿的競爭者，就像 Eee PC 推出後，宏碁就緊接推出 Aspire One 小筆電。又例如 Apple 公司推出的 App Store 本身是手機及平板電腦的市場性創新，而 Google 推出的 Play 平台，就是看到 Apple 的成功後，模仿 App Store 推出的競爭對手。

❹ 技術性創新（Technology-based）

技術性創新以全新的技術大幅改造既有方案功能及效果去滿足既有需求，例如 P.105 圖一右下角區塊的觸控筆平板電腦，早在 Apple 推出 iPad 之前就存在，當初推出的企圖是以觸控筆技術的優越性提升傳統筆電的市場價值。技術性創新的重點在於發明及運用全新的技術（材料、設計、方法或流程），打造出比競爭對手更優異的方案，並透過智慧財產權的申請及主張保護創新成果，鞏固及擴大競爭市場的版圖。

由於技術性創新主要是在既有市場競爭，全新技術打造出來的新方案必須要更能滿足既有的顧客需求，創造出較高的顧客價值，而目標顧客也會願意付出較高的價格，又例如電動牙刷就因證明比傳統牙刷更能有效清潔牙齒，價格就可以比傳統牙刷高很多。相反地，若技術性創新不能為顧客創造更高的價值，或推出的市場時機不對，不僅原先投入的創新資源無法回收，甚至會損及企業的經營。

最著名的技術性創新失敗的案例之一為摩托羅拉公司投資研發的 Iridium 衛星電話系統，Iridium 並非第一家推出商業衛星電話的公司，卻佈建當時最先進也最具野心的衛星電話技術，但由於技術成本過高，定價遠超過市場的接受度，公司不到一年便宣佈破產，連帶地重創母公司摩托羅拉的經營；再以平板電腦為例，許多人公認第一台商業平板電腦是 Compaq 公司（後為 HP 併購）於 1993 年推出的 Concerto，但早期的平板電腦都是以觸控筆技術為主，技術雖新，但使用度不佳，技術商業價值一直不高，但微軟公司為推廣平板電腦，不僅於 2002 年推出平板版的視窗作業系統，比爾蓋茲更專程到台灣為平板電腦廠商站臺，然而筆觸控平板電腦仍然沒有在筆電市場掀起波瀾，一直到 Apple 於 2010 年推出手指觸控的 iPad，大大地提昇平板電腦的技術價值，再結合其 App Store 的商業模式（市場性創新），平板電腦才一飛沖天，造成市場的轟動，不僅吞噬大塊既有的筆電市場，淘汰小筆電的市場性創新，還創造出新的指觸控平板電腦市場，形成平板電腦市場的革命式創新。

上述膝上型電腦的創新案例說明創新必須根基於顧客需求，創新方案必須能滿足市場尚未被滿足的需求，或比既有方案更能滿足需求，才能為顧客創造價值，顧客也才會願意掏錢購買。方案創新的程度愈高，其商業價值就愈高，否則打造方案的技術即使再新、再強，也會乏人問津。所以創新之道為「需求為本，方案為徑，而價值為極」，創新是根據未被滿足的顧客需求，研發具有競爭優勢的技術，再將這些技術整合為滿足需求的解決方案，並以創造最大顧客價值為創新的目的。接下來我們將以 iPod 及小筆電為例，闡述如何發展創新程度高的解決方案。

⧖ 解決方案的組成

價值主張代表顧客願意以特定的價格購買可以解決顧客重要問題的方案，對廠商而言，顧客願意付出的價格愈高，方案價值愈高，對顧客而言，方案愈能解決顧客重要問題，顧客價值愈高。所以開發解決方案的第一步就是瞭解顧客的重要問題，而進行需求分析，再將需求分析的結果轉化為方案要達到的基本「要求」（Requirements），而要求又分成顧客對方案在滿足心理需求的「感覺要求」（Feeling），例如外觀新穎的產品，或貼心的服務流程，以及滿足方案使用需求的「功能要求」（Function），例如輕薄短小的設計，或快速便捷的服務。

根據顧客的重要需求，提出感覺及功能要求後，便要將這些要求定義為可衡量的「規格」（Specifications），規格代表顧客在使用方案達成要求的基本標準，例如產品重量要多少才是輕，尺寸大小及哪種材質才能達到輕薄短小的要求，即使是顧客主觀的感覺要求，也要轉化

成可量化的規格，例如「新穎」的規格可指定產品設計的元素及格調，或「貼心」的規格可將貼心的感覺轉化成可觀察的行為。有了規格，方案的開發人員才能研發出滿足規格的技術，而這些技術實際呈現的特質，無論有否超越規格，則稱為「特性」（Features），例如產品的實際重量，與規格相比，就知道產品是否符合輕或重的要求；或者服務人員是否能夠在顧客進門時就以顧客名字迎接，就知道服務的第一道步驟是否夠貼心。有時我們會將方案技術所呈現的所有特性，與方案規格比較的結果，綜稱為「性能」（Performance），例如，一輛跑車的性能代表這輛跑車所有技術所呈現的特性，包含速度、外觀、駕駛時的流暢度及安全性等。而一般人經常談論的「性價比」就是在說明方案的價值，以方案的價格來說，方案所呈現的性能是否滿足顧客的期望。

　　方案的技術是用來支持規格，亦即技術呈現的特性愈能符合或超越規格，性能就愈好、愈能達成感覺及功能要求，相對也就愈能滿足顧客需求，所以技術是方案的基礎能耐，而技術代表可以產生效用的新發明（Invention）或新發現（Discovery），包含新的材料、設計、方法及流程。方案開發人員根據方案規格開發新的技術，但也可以取得授權，「借用」或修改已發明的技術，整合既有技術成為新的方案。為了保護新發明，避免被別人「盜用」，增加方案的競爭力，發明人通常會申請智慧產權（IP）的保護，IP 則根據內容及保護形式可以區分為專利、商標、著作及商業機密等四大類，而專利則分為發明、新型及新式樣等三種專利，發明又分為「物」之發明及「方法」的發明。但是新發現例如藍寶石可以用來作為手機的螢幕，由於是自然界原本就存在的現象或法則，是不受 IP 的保護，可是研磨藍寶石成為手機螢幕的技術則可以申請 IP。

　　圖二顯示需求導向的技術發展過程，而表一則定義解決方案相關的各個名詞。值得一提的是，若是下游廠商已提供製造及產品的規格，甚至技術，代工廠商稱為 OEM（Original Equipment Manufacturer），若是下游廠商只提供對製造及產品的要求，代工廠商則稱為 ODM（Original Design Manufacturer），這兩種代工模式由於沒有掌握市場需求及銷售管道，因此容易淪為只能追逐 Cost Down、令人擺佈的苦命製造商。如果要脫離這種斤斤計較的製造宿命，成為 Value Up 的製造商，廠商必須有辦法掌握市場需求及銷售管道，另外根據市場需求，有能力研發出比競爭對手強的產品或製造技術，甚至冠上自有品牌，才能稱為決定自己命運的 OBM（Original Brand Manufacturer）或製造服務提供者（Manufacturing Service Provider）。

[圖二：根據需求發展技術]

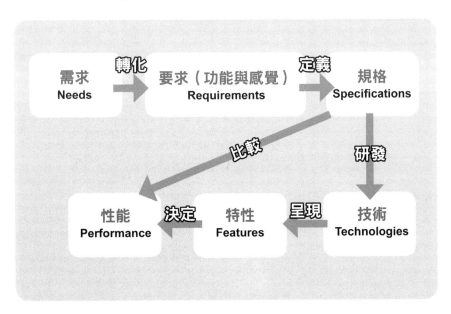

[表一：解決方案相關名詞的定義]

名詞	定義	以小筆電為例
感覺 （Feeling）	顧客感知上對方案主觀的喜愛或厭惡，通常是由心理需求轉化而來。	時尚的外觀
功能 （Function）	方案滿足顧客需求的特性使用，「使用」代表方案發揮技術特性而對顧客產生效益。	容易攜帶
規格 （Specification）	滿足要求的技術標準，方案要符合或超越規格才能滿足需求。	重量不得超過3磅
特性 （Feature）	技術所產生的單項或多項客觀特質，可因設計、材料或方法而異，為客觀、中性的描述，與好、壞、優、劣無關。	實際重量只有2.5磅
性能 （Performance）	技術特性與規格的比較結果，特性愈符合規格，代表性能愈佳。	非常輕盈
技術 （Technology）	一項具有新的設計、新的製造方法、新的材料或新的使用方法的發明（Invention）。	小封裝（Small Form Factor）設計

⌛ 一定要確認顧客真正需求

　　開發方案的第一步是將「需求」轉化為「技術規格」，可是需求分析若是不夠確實，往往會形成「需求過度」的要求，過多的要求不僅拖延方案開發的時程，更會耗費不必要的研發資源，減損方案推出的競爭力。因此，開發團隊在訂定技術規格前，必須確認目標顧客的重要需要及真正需求，以下為篩選需求的可行步驟：

❶ 根據顧客需求，列出方案所需的感覺及功能要求。

❷ 邀請顧客篩選出「絕對需要」、「不妨擁有」、「不需要」的要求。

❸ 確認顧客「需要」與「不需要」的原因。

❹ 詮釋篩選結果，找出方案需要發展的特色及技術，會促使原來的方案做何改變。

　　假設表二為某手機開發團隊篩選手機要求的結果，讀者從此表應可理解此手機的目標顧客主要為老人族群，研發團隊要開發的是老人手機。

[表二：老人手機要求篩選的結果]

功能	絕對需要	不妨擁有	不需要
照相		✓	
聲音擴大	✓		
數字鍵盤加大	✓		
GPS 導航			✓
FM 收音機		✓	
外型設計新穎			✓

另一種在開發方案時儘早確認顧客真正需求的方法為快速雛型法（Rapid Prototyping，RP），這是近來用來開發方案愈來愈盛行的方法，如圖三所示，RP 在第一次確認顧客顧求後，便進入雛型建構、測試、回饋、精進的循環，每一回的快速雛型都是以顧客需求為中心，將雛型置於方案使用的情境中，直到雛型精進為真正能滿足顧客的方案為止。由於 3D 列印機的普及，加速 RP 在工業設計及產品開發的發展，之後我們將會另闢一章專門介紹 RP 的方法及應用。

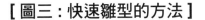

[圖三：快速雛型的方法]

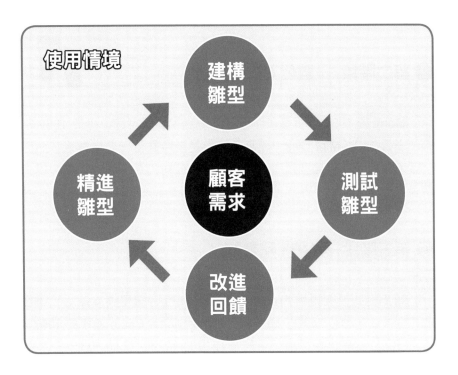

⌛ 經典創新案例 1：數位音樂隨身聽的創新

❶ 第一階段──類比式隨身聽

    Sony 最早在 1979 年發表全球第一台音樂隨身聽：Walkman TPS-L2，成為音樂隨身聽市場的革命式創新，但是當時的 Walkman 的音樂儲存的方式主要為類比式的音樂卡帶，雖然類比式的音樂隨身

聽也經歷一段時間的漸進式創新及市場性創新，例如有聲書卡帶就是音樂隨身聽的市場性創新，隨著數位時代的來臨，類比式的音樂隨身聽也面臨被淘汰的命運。

❷ 第二階段──數位 CD 隨身聽

Sony 於 1984 年再發表了全球第一台 CD 隨身聽，更於 1992 年推出首款 MD（Mini Disk）隨身聽，但是當時數位音樂檔案大，而且一張 CD 或 MD 的儲存量有限，加上唱片公司仍是以整片專輯的模式販售數位元音樂給消費者，數位音樂市場還是無法有真正的突破。

❸ 第三階段──MP3 隨身聽

直到德國研究機構 Fraunhofer 發明 MP3 音訊壓縮演算法，MP3 成為開放式的數位音樂格式標準，而南韓 Digital Caste 公司於 1997 研發出首台 MP3 播放機，並於隔年與 Diamond Multimedia 合作發表世界第一台商業 MP3 隨身聽，大量銷售至日本、歐、美等地，在 MP3 播放機市占率高居第一，加上網路技術的快速演進，網路傳輸及下載數位音樂掀起數位音樂隨身聽的革命，也吸引各大廠例如 Sony、Sandisk、甚至 Microsoft 都積極投入 MP3 隨身聽技術及市場的開發。

❹ 第四階段──MP3 雲端音樂資料庫

儘管市場上普遍不看好，重新執掌 Apple 的賈伯斯，急欲有重大的作為，讓搖搖欲墜的 Apple 起死回生，仍決心投入數位音樂市場，

除了於 2001 年 1 月，首先在舊金山的 MacWorld Expo 推出 iTunes 外，另指派員工進行 2 個月的需求調查，希望在當年聖誕節時推出能搭配 iTunes，且令人耳目一新的音樂隨身聽產品。Apple 的產品開發團隊並將目標顧客鎖定為「追求潮流及音樂享受，但又不用擔心音樂侵權的數位音樂隨身聽使用者」，當時的產品開發先鋒 Stan Ng 等人針對目標顧客，從需求調查發現幾項重要的顧客需求：

- 簡易的操作介面

- 容易攜帶

- 可以挑選音樂

- 高儲存容量

- 設計新穎流行

- 整合軟硬體及平台

Apple 根據這些需求如期開發出第一代 iPod，於 2001 年 11 月發表 iPod Classic，其由如表三描述的方案組成，儲存容量為 5GB，重量僅約 200 公克，售價為 399 美元。當時，Apple 將其敘述為：「一台可將 1,000 首高品質歌曲放入其中的 MP3 音樂播放軟體，而且其體積只會佔用您的一個口袋」。賈伯斯認為：「iPod 的誕生，意味著人們聆聽音樂的方式將永遠改變，因為 iPod 帶來了一個無與倫比的音樂資料庫，使用者可以隨時隨地聆聽自己喜愛的音樂」。在 2001 年底，iPod 熱銷 12.5 萬台，有了一個好的開始。

[表三：iPod 的方案組成]

感覺	功能	主要特性	主要技術
• 設計新穎流行	• 簡易的操作介面 • 容易攜帶 • 可以挑選音樂 • 高儲存容量 • 整合軟硬體及平台	• Scroll Wheel 可快速選擇音樂選項 • 簡單的五鍵式操作 • 儲存容 5GB • 可儲存 1,000 首音樂 • iTunes 將 PC 音樂資料庫與 iPod 同步 • 重量約 200 公克 • 售價 399 美元 • iTunes Music Store 提供消費者選購喜愛的音樂 • 單曲 0.99 美元	• Scroll Wheel 機械式操控介面 • 自行研發的 iTunes 應用軟體 • 以專有的 FairPlay 系統加密 AAC 音訊檔案（.m4p），而僅允許經過授權的電腦（最多五部）才能解密與播放 • AAC 音訊檔案也是 iPod 唯一支援的受數位版權管理（DRM）保護之音樂檔案

　　但是 iPod 的這些需求基本上都還是以產品的概念為主，當時市面上的 MP3 播放機也都根據同樣的需求進行漸進式的創新，只有「整合軟硬體及平台」這項需求才是其他競爭者沒有辦法滿足的，這也是賈伯斯唯一可以突破當時 MP3 隨身聽市場的最大關鍵。所以 Apple 將數位音樂市場創新的重點放在 iTunes，建立一個可以滿足不用擔心音樂侵權被告且可以下載便宜單曲的平臺，所以就 iPod 本身而言，它只是

數位音樂隨身聽的漸進式創新，但是結合了 iTunes 的商業模式後，便成為革命式創新，短短幾年之內，Apple 結合 iPod 與 iTunes 因而成為數位音樂市場最大的銷售商，iPod 更席捲了整個中高價數位音樂隨身聽市場。之後，Apple 也將其獨特的手指觸控技術用在後續幾代的 iPod，並推出 iPod Touch，成為數位音樂隨身聽的技術性創新，但隨著智慧手機的發展，傳統的隨身聽功能都整合在手機內，數位音樂的商業模式也都被 iTunes 及類似 iTunes 的平台所取代了，除了少數功能特殊的音樂隨身聽，例如戶外運動時用的隨身聽，智慧手機幾乎已成為人手一機的隨身聽了。

［圖四：數位音樂隨身聽的創新矩陣］

尚未滿足

顧客需求（強調市場）

市場性創新：
iPod Classic + iTunes

革命式創新：
RIO PM P300

漸進式創新：
MPS 播放器

技術性創新：
IPod Touch

滿足

既有　　解決方案（強調技術）　　全新

⌛ 經典創新案例 2：小筆電的市場性創新

　　小筆電（Netbook）名詞雖然是 Intel 提出的，卻是台灣在個人電腦（PC）發展史最重要的章節，它是最早由台灣廠商從需求到規格提出的筆電創新，並開創小筆電市場的風潮。在華碩（ASUS）於 2007 年推出第一台小筆電（Eee PC）之前，筆記型電腦已經是成熟飽和、競爭激烈的市場。一般而言，PC 廠商在推出新的筆電產品時，通常都是在既有的筆電產品改變其規格或性能，例如，提升筆電功能的速度或更輕薄短小的外型，來吸引更多筆電使用者。當時的主流筆記型電腦市場，以 13 至 15 吋的規格為主，重量為 5 至 7 磅間，價格約為 600 美元左右，使用者若需要較小型而移動性（mobility）較佳的筆電，則需要負擔較高的價格。然而，使用者的需求成長速度，卻跟不上技術規格及性能的成長幅度，所以筆電市場的成長受阻，因為使用者通常不需要功能過多及過於複雜的筆電，更不希望為不需要的功能付出過高的價格。

　　當時華碩的經營團隊便從這些問題點切入，希望能從不同的顧客需求出發，設計出一台不但能滿足不同於現有使用者的需求，價格又能夠負擔得起的筆記型電腦。在 Eee PC 推出之前，500 美金以下的筆電市場並沒有廠商願意進入，原因在於擔心低價筆電會侵蝕到現有的產品線；另一方面，廠商也普遍認為消費者不會願意以較低價格購買性能落後的筆記型電腦。雖然大多數廠商仍抱持不看好或保留的態度，華碩卻獨排眾議的決定開發 Eee PC，試圖取得新市場的先機。

　　其實在華碩決定投入 Eee PC 開發之前，低價筆電的概念及產品已經出現，除了 2005 年時美國麻省理工學院（Massachusetts Institute of Technology）為了降低全球各國間的數位落差，而提出百元電腦之概念，並結合眾多資訊大廠，包括 Google、AMD、Red Hat 等廠商，共同成立 OLPC（One Laptop Per Child）協會推動此理念，台灣廣達電腦也於該年 12 月獲得代工訂單投入生產行列。專為落後國家兒童設計的第一代 OLPC 命名為 XO，售價為 188 美元，於 2007 年 11 月在北美地區上市。

　　不過，Intel 為了防止其競爭對手 AMD 透過 OLPC 計畫搶占新興國家市場，在 2006 年 5 月也推出「World Ahead 計畫」之公益理念，並於 2007 年 1 月搶在 OLPC XO 推出前，發表 Classmate PC，進行市場卡位。Classmate PC 係委託華碩代工生產，相較於 OLPC XO 之規格，除了使用不同處理器外，其它規格或架構都極為相似。

由於有了代工製造 Classmate PC 的經驗，華碩也觀察到了市場的商機，相較於 OLPC 和 Classmate PC 的市場策略與產品定位，華碩將公益導向的低價筆電概念轉換為以商業市場為主的平價「行動裝置」概念來開發小筆電，鎖定已開發國家的青少年、婦女或年長者，確認低價、輕巧省電、容易使用學習、隨處上網等需求，一開始以「Easy to Learn、Easy to Play、Easy to Work」作為 Eee PC 的價值主張，後來將三個 E 改為「Easy、Excellent、Exciting」。

　　為了符合 3 個「Easy」的價值主張，華碩採取不同於以往筆電設計的原則，傳統的設計思維著重於增加或強化筆電功能來提昇筆電的「賣相」及「賣價」，華碩則以「減法思考」原則去除或修減那些目標使用者不需要的功能，只要提供「恰恰好」的夠小、夠輕、夠簡單等基本功能，一則小筆電的價格可以大幅降低，再則功能簡單化後變得容易學習及使用。而開發出來的小筆電雛型也先經過華碩公司內部千人以上的測試，才於 2007 年 10 月推出第一代 Eee PC 701，表四顯示 Eee PC 701 的方案組成。而華碩在正式推出 Eee PC 之前二星期，還不知道要如何稱呼這項創新產品，最後決定以價值主張的 3 個 E 併在一起，取名為 Eee PC，中文稱「易 PC」。

[表三：Eee PC 701 的方案組成]

感覺	功能	主要特性	主要技術
● 外觀時尚	● 輕薄省電 ● 攜帶方便 ● 開機快速 ● 使用有效率 ● 操作簡易 ● 學習容易	● 電池約可使用 3.5 小時 ● 重量 890 公克 ● 硬碟具有耐摔、防震及低耗電散熱等特性 ● 28 秒快速開機 ● 自動偵測上網熱點並且連接到網 ● 直覺式的圖像選單 ● 價格介於美金 $299-$499 之間	● Intel Celeron M 處理器 ● 固態硬碟（SSD） ● 4 cell 鋰電池 ● Linux 作業系統 ● 內建 WiFi ● 選單式的直覺介面 ● 小封裝（Small Form Factor）設計

　　華碩推出的 Eee PC 一炮而紅，所有的 PC 廠商眼睛為之一亮，在 2008 年初，惠普（HP）、微星（MSI）、宏碁等廠商都宣布將進入小型筆電市場。Intel 更在 2 月時以「Netbook」（小筆電）重新賦予這類小型筆電一個新的名稱，並針對小筆電的需求順勢推出具備低效能與高續航力的 Atom 處理器（首款型號為 N270），而 Microsoft 亦隨之推出適用小筆電的「視窗簡易版」作業系統，造就小筆電的市場性創新，也開啟了小筆電的市場風潮。也因為小筆電屬於技術門檻不高的市場性創新，再加上是傳統的商業模式，很快地在 2010 年 Apple 推出 iPad 並搭配 App Store 的商業模式之後，小筆電市場就被顛覆而沒落。

Chapter 7

集眾人的力量，
來為創新撒下一顆顆種子！
——創新溝通（一）：
試試「腦力激盪法」

Chapter 7

集眾人的力量，
來為創新撒下一顆顆種子！

——創新溝通（一）：
試試「腦力激盪法」

　　小王所帶領的創新研發處原本是一個非常技術導向的單位，裡面大部份的研發工程師都是台灣頂尖大學理工系所畢業的優秀人才。但是許多技術能力卓越的工程師都非常堅持己見，加上有些研發團隊的主管不擅於領導溝通，所以在創新研發處經常發生溝通不良的問題，間接影響到研發產出的商業價值，許多研發成果的創新程度不足，所創造的顧客價值不高，無法滿足市場需求，或者競爭力不夠。小王深刻體會創新溝通的重要性，於是也商請老王傳授「創新溝通心法」，希望解決研發團隊內外部的溝通問題，促使研發成果能為公司創造最大價值。

⧗ 為什麼創新需要溝通？

　　創新是滿足顧客需求的新解決方案，也是以顧客需求為核心，以創造價值為目標，不斷探索及發掘顧客問題及解決方案的過程。由於創新的過程及相關因素往往錯綜複雜，單一的觀點或個人力量絕不足以成就創新，需要組成多元背景及能力的團隊，結合集體智慧，發揮集體力量，所以需要有效的內部及外部溝通。對內需要整合創新團隊的不同創意與想法，對外要傾聽顧客的聲音，掌握市場的變化，如此才能開發出有差異化及市場競爭力的產品或服務。

　　然而，在創新的過程中，特別在發展解決方案時，有可能產生如圖一所示的結果，不同的個人或部門都有自己的想法與堅持，忽略顧客真正的需求，彼此又溝通不良，各執己見、各行其是，結果就變成「硬是強銷蘋果給想買橘子的顧客」，而這種「答非所問」或「賣非所買」的現象卻是經常發生的創新溝通問題，癥結就在於創新團隊的溝通不良。

[圖一：創新溝通不良的結果]

主管描述的　　設計部門設計的　　業務部門販售的　　客戶所需要的

⧗ 高價值創造需要跨領域整合

　　創新溝通不良造成的問題主要有二，第一是創新團隊成員的獨特想法或創意無法充分表達出來，造成團隊中只有少數人甚至個人的意見主宰創新的過程或結果，尤其是台灣「敬老尊賢」的職場文化，經常出現「官大學問大」及「年紀大學問大」的潛規則，開會時只要有長官或長者在場，年輕人或資淺的員工就會被認為資經歷不足，所以創意不足，必須保持「沈默是金」或「謙受益、滿招損」的態度，不許、不敢或不願發表自己的創意，對長官或長者的意見只能「馬首是瞻」，獨特的意見或觀點又往往被認為只是「標新立異」或「不成氣候」。

　　阿里巴巴的前董事長馬雲先生曾提出「老人」不應該不相信年輕人比他們更會創新，並建議「老人」應該盡全力去幫助年輕人創新，而不是只相信自己能創新。因此，為了使創新團隊的每一位成員，無論其資經歷或年紀，都能無顧慮地表達其真實的意見或想法，創新團隊需要一個可以自由表達創意的平台或方法，以促進多元的創新溝通及交流。

　　創新溝通不良導致的第二個問題，是「創新溝通若只有靠文字的描述是不足夠的」，由於文字本身是抽象的符號呈現，而且文字具多重字意，必須視情境詮釋字意，才能掌握真意。如果在創新的過程中，從點子的發想、討論、修改，到方案的具體成形或運用，都只依賴大量文字進行闡釋與說明，換來的結果往往是溝通的雙方「有溝沒有通」，使創新陷入符號詮釋的泥沼中，停留在交換文字的來回解釋

及釐清，創新的進度變得牛步遲滯。所以創新的過程中，為了使創新團隊的內部溝通及與顧客的外部溝通變得順暢，除了抽象的文字溝通，更需要具體的圖像或模型，便於更明確有效對創新構想的內外部溝通。

　　舉世聞名的設計顧問公司 IDEO 便認為創新若要成功，最重要的關鍵為創新團隊的溝通，該公司並將其創新的訣竅及流程歸納為獨特的創新方法，有興趣的讀者可參閱《IDEO 物語》一書。本書則將其創新秘訣修改為下列的五個步驟：

1 深入其境探索與觀察

2 運用多元團隊腦力激盪

3 建立快速雛型思維

4 利用雛型說故事

5 創新溝通永無終止

　　接下來我們將就其中的腦力激盪法（這一章）及快速雛型法（下一章）的創新溝通方法進一步說明。

⧖ 腦力激盪法（Brainstorming）三招

　　所謂「三個臭皮匠，勝過一個諸葛亮」，只要能集合多人的「平庸」腦力，產生的智慧便可以超越最聰明的個人。諾貝爾化學獎得主 Linus Pauling 亦曾言：「獲得一個好點子的最好方法就是有很多的點子。」（"The best way to get a good idea is to get a lot of ideas."），恰恰也說明集合眾人的點子可以產生一個好點子，這就是腦力激盪法的精髓。

　　顧名思義，腦力激盪法是透過一群人，藉由相互討論及交流來激發團隊思考力，產生點子及共識的方法，主要的形式就是小組動腦會議。此法是美國 BBDO（Batten,Barton,Durstine&Osborn）廣告公司創始人 Alex Osborn 於 1939 年帶領一個廣告創意團隊所開發出的一種「創意式解決問題」（Creative Problem Solving）方法，所以 Osborn 又被稱為腦力激盪之父。

　　腦力激盪法發展至今，應用的領域非常廣，已衍生出多種不同版本，例如：戈登法、筆談式腦力激盪法、卡片式腦力激盪法、21 方格紙法、輪流卡法等，而且隨著電腦及網路的普及，也發展出電子腦力激盪（Electronic Brainstorming）及線上腦力激盪（Cyber Brainstorming）的應用，例如 IBM 就曾號召全球的員工，針對特定議題，在其企業網路進行 72 小時的線上腦力激盪，收集員工有價值的創意，稱之為 IBM InnovationJAM。這些衍生或改良的方法進行的程式及使用的工具或有不同，但是大致都遵循如圖二所示的腦力激盪三部曲：1）準備會議、2）發散點子、3）收斂點子。本書將就我們所熟練及常用的方法與步驟，來描述腦力激盪的過程與原則。

[圖二：腦力激盪三部曲]

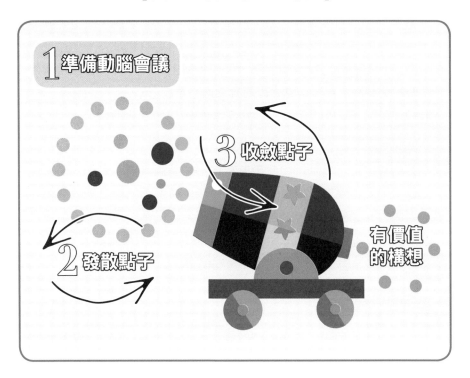

❶ 準備會議

　　在進行腦力激盪前，要先做好小組動腦會議的準備，這些準備是
為促使動腦會議的順暢與效率，主要的準備工作包含選定腦力激盪的
主題、動腦會議的參與者、會議主持人、以及動腦會議使用的道具及
工具。

● 選定主題

　　腦力激盪的目的為集合眾人的創意，解決特定問題，所以動腦會議的主題應該是適合多元思考的題目，儘量不要有標準答案，並且要能夠激發參與者天馬行空的想法，例如「新世代的玩具」，但是題目應要有特定範圍，避免創意過於籠統或遙不可及。

　　舉例而言，可以將「新世代玩具」設定為「協助 3 至 6 歲兒童智力成長的新世代玩具」，如此參與者提出來的創意更能聚焦於要解決的問題，創意也會更有價值。通常在動腦會議舉行的前幾天就會通知參與者腦力激盪的題目，並附加必要說明，以便參與者在會議前就可以開始收集、閱讀及思考相關資料，屆時可以產生更多創意。

● 選定參與者

　　動腦會議的參與者就是創意的貢獻者，由於腦力激盪強調多元的團隊創造力，動腦會議應選邀不同領域或職位的參與者，團隊才能從不同的角度或觀點提出與眾不同的點子，而且無需過多專家，避免專家觀點限制創意的產生，有些動腦會議則會邀請顧客參與，提供顧客觀點的創意。許多腦力激盪的研究指出，動腦會議的參與人數不宜過多，以小組規模 5 至 10 人為宜，參與人數愈多，動腦會議愈沒效率，哈佛商學院的一項研究甚至提出 5 人的動腦會議是最有效的。

● 選出主持人（Facilitator）：

　　腦力激盪的動腦會議雖然鼓勵每一位參與者自由提出想法，而且禁止參與者批評任何提出來的點子，但是會議若是沒有主持人，總會有人違反會議規則，妨礙會議的進行。為了使動腦會議進行得熱烈且順暢，在限定的時間內，產出最多的點子，動腦會議的主持人扮演的角色要比較像啦啦隊長，除了保持中立，掌握會議的發言順暢，控制會議時間外，更需要帶動腦力激盪的「思想列車」，使會議保持熱烈的氣氛，巧妙引導點子不偏離主題，源源不絕地產出新點子，所以動腦會議的主持人宜具有思想開放、活潑靈巧、主動觀察、激勵啟發、喜歡互動等善於人際溝通的特質及技能。

● 動腦道具及工具：

　　為了使腦力激盪發揮最大的效果，動腦會議的場所不宜過於正式或嚴肅，令參與者可以在放鬆活絡的氣氛下，不受拘束地「暢所欲言」，勇於表達自己的想法與點子。所以在會議場所可以提供一些令參與者放鬆的玩具或點心，例如紓壓球、口香糖或糖果。再者，為了使動腦會議進行地更有效率，可以善用一些會議運作及紀錄的工具，例如以下工具就非常有用：

❶ 便利貼　　　❷ 圓點貼紙　　　❸ 彩色筆

❹ 膠帶　　　　❺ 移動式大型白板　❻ 可翻頁的大白報紙
　　　　　　　　　　　　　　　　　（Flip Chart）

【 圖三：動腦會議的道具及工具 】

❷ 點子發散（Divergence）

　　腦力激盪法的動腦會議開始後，主持人會宣佈會議的目的、會議程序、「遊戲規則」、以及自己扮演的角色，接著便進入點子發散的階段。所謂「點子發散」，意指動腦會議參與者隨意發想，先不計較點子的內容及質量，儘量追求點子的數量。

　　在此階段，通常主持人會先告知「期望在多少時間內產生多少點子」，端視腦力激盪的題目與目的，通常點子發散階段的時間以半小

時至一小時為宜，因為密集動腦的時間過長，容易產生腦力疲乏，動腦會議會變得沒有效率。

產出的點子數目標則沒有一定的標準，重點在於促使參與者在「時間的壓力」下，提升腦力激盪的「生產力」，例如，以「半小時內產生至少 100 個點子」，或者「一個小時內產生至少 2O0 個點子」作為目標，鼓勵參與者儘量提供點子，但是若沒達成目標並不代表動腦會議失敗。

早期的動腦會議通常是透過自由提出及討論的方式進行，並由會議記錄者記錄參與者提出的點子及討論的內容，但是這種自由討論的方式容易形成「小組思考」（Group Thinking）的問題，包含討論相互干擾、附和別人意見、搭順風船的點子（Free Riders）、不願公開表達意見等問題，產出的點子同質性高，容易失去多元思考的創造力。於是便有改良的方式出現，例如「沈默式腦力激盪」（Silent Brainstorming），亦即所有參與者不出聲也不討論地先寫下自己的點子，然後由主持人一次收集所有的點子，一起公佈後再自由討論，當然這種方式最主要的缺點是無法先藉由討論，善用既有點子產生新點子。

當然也可以利用便利貼作為動腦會議的主要工具，只要任何人有點子，就以匿名但不同顏色的彩色筆寫在便利貼上，且一張便利貼只提供一個點子，然後交給主持人，主持人通常會照念一遍，讓所有參與者聽到，以便其他人可以結合既有點子，產生新點子，若有不清楚的地方，也借此機會與提供者澄清，或請其重寫，然後將便利貼放在白板上，並開始就相似或同類的點子進行初步的組合與排列。

在點子發散的階段，主持人會提醒參與者要遵守下列原則：

❶ 嘗試利用別人點子，提出新點子

❷ 不判斷或批評提出來的點子

❸ 歡迎瘋狂的點子，作為新點子的跳板點子

❹ 儘量不要離題

❺ 嘗試組合既有點子，產生新點子

❻ 追求點子數量，點子越多越好

[圖四：運用便利貼進行點子發散]

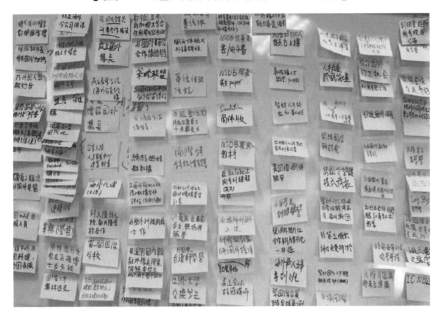

　　相對地，在點子發散的階段，由於目標是在追求更多、更新的點子，儘量避免下列可能扼殺點子或降低會議效率的作法或行為：

● 避免主管率先發言

　　在台灣有許多「官大學問大」現象的職場上，一旦主管率先發言，參與會議的部屬容易產生「趨炎附勢」的想法或點子，或不願意提出與主管相異的想法或點子，失去腦力激盪多元思考的目的。

● 避免輪流提供點子

　　雖然點子發散階段主要在追求點子的數量，但是每人思考的方式及節奏不一樣，不必強求參與者要輪流提供點子，一定要貢獻相同數量的點子，如此強求只會降低會議的效率，及創意質量。

● 避免專家至上的想法

　　腦力激盪更需要的是新穎獨特，能夠啟發更多新點子的點子，但專家往往專注於特定領域，思考範疇也以專長領域為主，反而常會因此難以突破思考框架，所以在動腦會議中，專家與其他參與者的想法與點子都是一樣重要，都「只是一票」。

● 避免批評蠢點子

動腦會議最重要的一項原則，便是不得批判其他人的想法或點子，即使點子乍聽起來很簡單、很愚蠢、很不邏輯或很無厘頭，但是在點子發散的階段，只要不離題，愈是別人想不到或不敢提的「蠢」點子，可能會衍生出愈有價值的點子。

● 避免過度勤作筆記

點子發散階段最主要的任務為儘量提出新點子，會議參與者的三項工作為「發想、再發想、儘量發想」，然後提出點子，而不是像其他的會議形式，要聆聽及紀錄別人的發言及想法，況且透過便利貼的方式，所有的點子都已經記錄下來。

❸ 點子收斂（Convergence）

　　腦力激盪是集合眾人的多元創意，然後將眾人的創意整理出對解決問題最有價值的方案，所以在點子發散階段激盪出眾多的點子後，便進入討論及評估點子的收斂階段。所以「點子收斂」就是從眾多點子中，整理及篩選出最有價值的創新構想。

　　切記！能夠創造價值的創意才是創新，因此點子收斂也是在評估所有點子的價值，「能解決顧客問題的點子才會有價值」，當然，這種評估也是要結合團隊的智慧，不是單一個人如主持人或主管決定的。以下列出點子收斂的階段會經歷哪些步驟：

● 檢視及歸類

　　通常主持人在點子發散的階段，會將參與者提供的點子，張貼在白板上，作初步的歸類，意即將相似或同一類的點子放在一起排列。在點子收斂階段開始後，主持人會先就白板上的點子請所有參與者檢視一番，若有任何問題，都可以提出來討論，討論的目的在於澄清，絕不是批判，在檢視的過程，也同時請參與者協助歸類，若有不屬於既有類別的點子，就要成立新的類別。

● 評估及過濾

在檢視白板上的點子的時候，除了點子歸類外，也同時進行評估與過濾，若有不符主題的點子，主持人會移到白板的邊側，歸類為「其他」，但不會將便利貼拿下來移除點子，因為這些「異類」點子反而會觸發新的構想；若發現某一類的一些點子重複，則會將這些便利貼重疊在一起；將所有在白板的點子，依此方式進行直到每一個點子都找到「歸宿」。

● 整理及排序

接著給予每一類點子一個標題，註明類別，並用一張特別顏色的便利貼寫上標題，貼在每類點子的上方，若發現某一類點子可以再分子類，也依此方式整理，並給予子類一個子標題，我們建議每類點子至多再一層子類即可，避免過度分析。整理好點子的分類後，便就各類點子的價值進行排序，通常在排序之前，主持人會再詢問參與者是否要進一步說明點子的價值，再進行小組投票決定排序。筆者主持投票的方式，是發給每位參與者及主持人特定數目的圓點貼紙（選票），例如整理後若有 6 類點子，就發給每人 2 張貼紙，若有 9 類就給 3 張……，然後邀請所有參與者同時到白板前，不能討論地將手上的圓點貼紙貼在其認為最有價值的點子類別標題上，再依據得票數排序各類點子的價值。

● 決定後續行動

投票表決各類點子的價值後，主持人可以再邀請參與者就投票結果提出意見，或經討論同意後，更改排序，此時會議紀錄者或主持人可以將白板的結果拍照存檔，並決定如何運用腦力激盪的結果，作成建議，提供給主管制定創新決策。

腦力激盪法經過多年的演變及改進，不僅衍生各種改良的方法，其效果也經過許多研究的驗證。就 N-S-D-B 價值創造的過程而言，這是一種創新團隊有效的溝通方法，在創新的每一階段，都可運用腦力激盪法，結合團隊智慧，發揮團隊創意，探索顧客需求（Needs），發展解決方案（Solution），打造優越差異（Differentiation），創造最大效益（Benefits），將創新構想的價值極大化。

Chapter 8

速度戰正式開始，
創意的世界分秒必爭！
——創新溝通（二）：你該懂得
「**快速雛形法**」

Chapter 8

速度戰正式開始，創意的世界分秒必爭！

——創新溝通（二）：你該懂得「快速雛形法」

　　小王參與過Ⅱ公司許多大大小小的研發專案，是公司經驗豐富的研發主管，深知創新從構想點子到方案上市是一個冗長及複雜的過程，任何一個環節稍有不慎就很容易導致整個研發失敗。小王也體認創新是團隊力量與集體智慧的展現，所以團隊的內外溝通非常重要，為此，小王請老王傳授「腦力激盪法」，學習如何讓團隊成員能夠自由表達自己的創意，以及讓所有成員的創意能夠有效結合。但這時小王發現研發團隊經常發生的另一個溝通問題，也就是團隊成員在溝通上往往受限於溝通語言及文字的表達，特別是在創新過程的初期，點子及構想尚未具體化，成員很容易陷入抽象言語的泥沼，因此產生爭執及無法確認的困擾。沒辦法，小王只好拜託老王幫忙尋求解決之道……

⧗ 創新溝通為什麼如此困難？

　　創新過程從構想種子開始到最後開花結果，成為具有商業價值的顧客方案，而能在市場立足競爭，必須經歷不同的發展階段，克服每一階段不同的困難與挑戰，在每一階段也必須受到眾多不同專家的育成與照護。

　　成功的創新往往是團隊力量與集體智慧的成果，因此創新過程成功的關鍵在於團隊溝通，包含與市場及顧客的外部溝通。由於創新溝通是將顧客方案價值極大化的關鍵，主要的目的便在於串連創新方案的技術價值與商業價值，而成功的創新必須是技術發展與商業發展並行產生綜效的複雜過程，必須結合技術團隊與商業團隊的創意及能力，使每一位多元背景及能力的團隊成員能充份表達及溝通其創意，而且成員的創意愈是另類或異常，潛在價值就可能愈高。

我們在上一章介紹「腦力激盪」的方法，是理論及實務上都經過驗證為有效的創新團隊溝通方法，而全世界最知名的設計顧問公司 IDEO，將其特有的「腦力激盪」稱為「深潛」（Deep Dive），意即透過團隊腦力激盪的方式，讓創新團隊不斷融入解決問題的深水中，愈潛愈深，直到解決問題為止。另一方面，若能將創意及構想視覺化，以具體的圖像或模型呈現，便可以彌補創新團隊成員（包含顧客）以文字溝通的不足，強化創新溝通的效果。對 IDEO 而言，創新的關鍵步驟為建立快速雛型思維，亦即在創新的過程中，任何抽象的構想都需要快速轉化為圖像或模型，稱之為「雛型」（Prototype），並利用雛型說明構想如何在問題發生的情境中解決顧客問題。這種不斷以精進雛型成為最終解決方案的方案發展過程稱之為「快速雛型法」（Rapid Prototyping）。

⏳ 所以說，什麼是雛型？

雛型代表能夠實現概念的「視覺呈現」，通常以繪圖、模型或影片的方式表達出事物的構造或意涵。概念是解決方案（產品或服務）的骨架，雛型則是將方案的構想視覺化，以繪圖方式表達意念是人類的本能。

舉例而言，筆者於工研院任職時，曾為弱勢家庭的兒童舉辦綠能科技創新夏令營，圖一為其中一位小五學童所構思的綠能科技車雛型，即使這位學童沒有任何科技背景，卻能藉由這個「雛型」顯示他對未來科技車的學習成果及創意。而我們熟知的建築雛型則是將建築方案的構造具象化或立體化，成為能夠被體驗的形式，雛型可以是從粗糙的手繪建築草圖（Sketch）到自己製作很精緻的建築草模，而草模通常包括實現建築構想的方法、構造與外觀設計。

[圖一：小五兒童構思的綠能科技車雛型]

　　就產品研發而言，雛型可用於驗證產品技術的可行性，所以在產品開發的過程，為了驗證產品概念、功能、特性及量產的可行性，雛型根據目的（如圖二所示）可區分為概念雛型、功能雛型、工程雛型、以及量產雛型。其中概念雛型在於呈現產品的概念是否可以實行？功能雛型的目的為驗證產品的功能是否可以展現？工程雛型在於驗證產品製造的工程技術是否可以滿足產品的功能表現，達到產品特性的要求？而量產雛型則在驗證「實驗室」研發的產品可否以工廠的量產技術大量製造並符合品質要求？

【圖二：運用雛型發展方案技術及驗證技術價值】

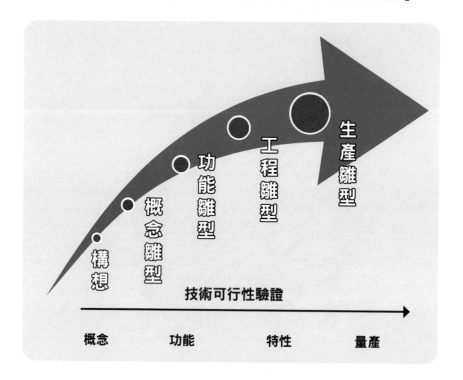

舉例而言，IDE0 公司接受客戶委託，設計過許多著名的產品，包含 Palm V，而 Palm V 曾是全世界最暢銷的個人數位助理（Personal Digital Assistant，PDA），深深地影響後來智慧型手機的設計，當時 IDEO 就是採取階段雛型發展的產品設計方法，在不同設計階段製作出不同的 Palm V 雛型，做為內外部溝通之用。

[圖三：個人數位助理（PDA） 為現在智慧型手機的前身]

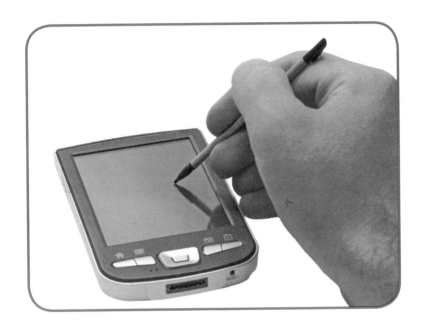

　　將有形或實體的產品方案視覺化，製作出在產品開發不同階段的雛型比較容易，市面也有許多的工具與方法可以使用，例如電腦輔助設計（CAD）或電腦輔助製造（CAM），但這些工具與方法並不適用於流程、服務或結合產品與服務之系統創新的雛型製作。由於以流程或服務為主的解決方案往往是動態及無形的呈現，靜態的單一圖像或模型可能難以表達解決方案的技術價值，例如鼎泰豐的精緻餐食服務，因此除了傳統繪製流程圖的方式之外，近來因為錄影技術普及，而且智慧型手機都具有不錯的錄影功能，影片雛型（Video Prototype）成為流行的雛型製作，也就是製作影片來呈現及驗證構想的可行性及技術價值。基本上，影片雛形的製作流程如下：

❶ 構思：

　　將方案構想的重點列成大綱，然後描述每一個重點想要呈現的畫面，再將大綱的重點依時間及流程步驟排列，重新整理大綱重點的描述，成為故事的背景與情節。

❷ 腳本（Scripts）：

　　根據故事的背景與情節以文字的方式描敘成影片的腳本，所謂腳本即是劇本，是拍攝影片時，故事中的人物用來對台詞、走場景以及指示場景佈置用的。

❸ 分鏡圖（Storyboard）：

　　分鏡是指實際拍攝影片前，對鏡頭所做的設計，包含拍攝的角度及位置，而分鏡圖則是把影片中的連續動作分解成一個個的分鏡影格（Frame），並註記影片章節、時間、地點、人物、對白、音樂等資訊，通常一個影片的分鏡圖只會呈現影片中重要情節的分鏡影格，稱為關鍵影格（Key Frame）。

❹ 角色演練：

　　影片中的故事代表人、事、時、地、物的發生，會請合適的「演員」按照腳本及分鏡圖扮演好故事裏的角色，並在實際拍攝影片前演練台詞及走位，熟悉台詞及表演，才不會在實際拍攝「突搥」。

❺ 實際拍攝：

當拍攝影片的準備
一切就緒後，便進入實
際拍攝，導演便會根據
分鏡圖指揮演員及攝影
師，完成影片拍攝。

❻ 編輯剪接：

由於現在的影片拍攝完全數位化，所以拍攝完的影片，很容易就
上載到電腦上，運用影片編輯軟體進行編輯及剪接，也因為影片數位
化，編輯剪接變得更容易進行，甚至很容易加入影片特效，增加影片
說故事的效果。

⧖ 什麼又是快速雛型法？

以雛型來驗證產品與製造技術的可行性起始於製造業的產品設計
及製造，但是傳統以人工製作雛型的方式耗時費力，隨著電腦技術的
進步，以CAD/CAM的方式來製作雛型運用在新產品開發及製造，已大
大地縮減產品從構想到量產的時程及成本。但是愈來愈多的產品或技
術生命週期愈來愈短，傳統分析式及程式化的產品開發流程及方法，
即使藉由CAD/CAM的輔助，仍然無法因應市場快速的變化及激烈的競
爭，於是一種能更快速且價廉地以雛型引導新產品開發的流程及方法

變得急迫且重要，而且這種方法也必須能運用在以服務為核心的系統發展，例如資訊系統。快速雛型法基於下列的幾項理由應運而生：

1／ 顧客需求快速地改變已無可避免。

2／ 因應顧客需求的快速改變，雛型的製作及修改應該要更快速。

3／ 經視覺化的構想比文字描述更容易溝通。

4／ 運用看得到、可操作的雛型是方案開發團隊內部溝通以及與顧客溝通的良好方法。

5／ 藉由雛型與顧客溝通，可以提高顧客參與新方案開發的意願，進而提昇顧客滿意度。

　　如圖四所示，快速雛型法是一種發展解決方案的方法，以顧客需求為核心，並設想顧客使用方案的情境做為建構及修改方案雛型的基礎，從構想階段開始就製作最原始的雛型，甚至在進行腦力激盪時也可以將任何點子視覺化，便於創新團隊內部及外部溝通，利用雛型去測試技術的可行性及顧客需求的滿足程度，並收集測試雛型的反應，特別是顧客的反應，作為雛型改進的回饋，然後整理回饋以修改及精進雛型，必要時可以根據不同的雛型目的，重新建構不同的雛型，成為下一階段創新溝通的工具，再重覆循環上述快速雛型的流程，直到雛型成為真正能夠滿足顧客需求的解決方案為止。

[圖四：快速雛型法的流程]

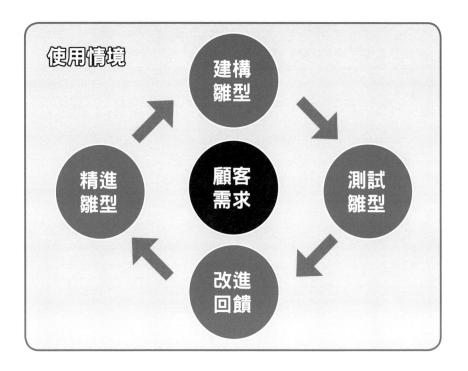

　　快速雛型法最主要的目的是能夠縮減時程且降低成本，針對顧客需求來開發創新的解決方案，以提昇解決方案的市場競爭力。從構想開始到方案上市，快速雛型法藉由快速地將任何創意視覺化並製作成方案雛型，使得快速雛型具有多方用途，可以用來激發創新團隊的創意、溝通顧客的真正需求、測試方案創意的價值、以及驗證方案技術的可行性。也因為如此的目的與用途，快速雛型法具有下表一的優缺點。

[表一：快速雛型法主要的優缺點]

優點	缺點
• 雛型使創新溝通變得容易及有效	• 因雛型不斷的修改，若缺少製作雛型的文件管理，日後不易維護
• 可以充分發掘及瞭解顧客（使用者）需求	• 顧客及雛型製作者往往必須全程參與解決方案的發展過程
• 允許顧客隨時更改需求，及早因應需求改變帶來的風險	• 雛型設計及製作缺少有效及嚴謹的評估準則
• 協助開發團隊及顧客發現新的需求及創意	• 因缺少發展前段的嚴謹分析與設計，所以可能導致解決方案的使用或執行效率比較差
• 快速驗證創意的可行性及價值，降低新方案開發的成本及風險	

⌛ 快速雛型製作原則，不說你不知道

為善加利用快速雛形的優點及避免其缺點，在運用快速雛型法發展創新的解決方案時，可以遵循下列原則製作快速雛型：

❶ 一開始就要確認快速雛型製作的目標對象與目的。

❷ 創新團隊應該納入設計與製作雛形的專家。

❸ 先做簡單的規劃，才進行雛型設計。

❹ 設計與製作雛型時，應該以目標對象的需求為主要考量。

❺ 愈早期的雛型，要愈簡單、愈快速地設計與製作。

❻ 只做必要的設計與製作，呈現出構想的意涵，亦即創意的價值。

❼ 謹守雛型製作的目的，不要沈溺於製作的細節與過程。

❽ 避免過早把焦點放在製作成本上，因而損及雛型製作的目的。

❾ 儘量保留創意的原始精神，不要因其他考量犧牲創意。

❿ 一旦有新的想法或雛型，立即進行創新溝通與修改精進雛型。

⓫ 設想使用雛型的情境或故事，來溝通及驗證雛型在發展方案的可行性及效益。

⏳ 超夯的「3D列印」

　　快速雛型法逐漸成為開發解決方案的主流方法之一，一方面是因為電腦輔助技術的快速發展，另一方面是因為市場變得瞬息萬變，愈來愈多解決方案的生命週期縮短，加上近來3D列印技術的突破，對快速雛型法有著推波助瀾之效，而且隨著低價3D列印機的普及，未來的快速雛型法可能也會有革命性的改變。

　　「快速」及「創意視覺化」為快速雛型法的兩大精髓，所謂「快速」代表一旦有新的構想或點子，就要馬上呈現出來，而所謂「創意視覺化」便是將創意轉化為看得到、摸得到或甚至可操作的雛型。在各種三維（3D）模型建構的工具及方法出現之前，若要以某種呈現方式讓顧客及所有方案開發的參與者能夠溝通、理解和視覺化抽象的創意是項極具挑戰性的任務。無論是手繪圖或電腦繪圖，在二維（2D）空間的圖面上，始終無法呈現以產品為主的最終方案之視覺化（包含操作），

即使是成熟的3D電腦繪圖技術（CAD/CAM），也只能以模擬的方式視覺化解決方案，所以才有3D列印技術的出現。3D列印機列印出來的不再只是2D紙張所呈現的圖像文字，而是可以看得到、摸得到、甚至可以操作的3D實品。

【 圖五：未來 3D 列印技術可應用的範圍無遠弗屆 】

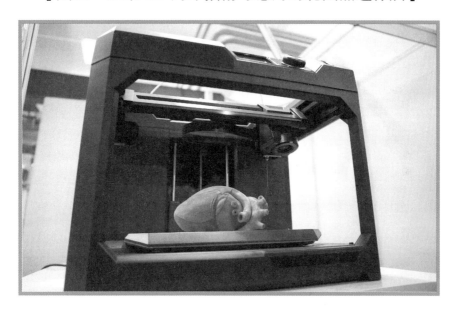

　　3D列印技術起源於美國，最早被稱為「快速雛型製作」，是1980年代中期，由德州大學奧斯汀分校的Deckard博士發明並獲得專利，運用CAD軟體設計出精密的3D幾何圖形，並將其儲存為一種3D數位模型檔案，然後透過傳統「列印」檔案的概念，通過多層列印的方式，將粉末狀的可黏合材料，例如塑膠或是化學物質，根據模型檔案的幾何

圖形資料，逐層地去「堆疊累積」列印材料，製造出3D實體物件。早期因為3D列印技術還不夠成熟，成本過高，經常只被用於產品開發階段的雛型製作，做為確認產品的結構及外觀設計。

3D 列印（3D Printing）這個名詞是於 1995 年由麻省理工學院的兩位畢業生 Jim Bredt 和 Tim Anderson 所創造的，他們將當時的噴墨印表機（Inkject Printer）的原理及技術，運用在 3D 雛型製作，傳統的噴墨印表機是將墨水擠壓噴射在紙張上，而 3D 列印機是將由可黏合材料製成墨水般之溶劑，逐層擠壓噴射成 3D 實體物件。由於噴墨技術較傳統的多層列印技術更為快速、更有彈性以及更低成本，而且可列印的材料更多元，3D 列印應用的範圍及領域愈來愈廣，創造出愈來愈多的商機，3D 列印也從過去主要在製作聚合物（Polymer）材質的產品雛型，發展到直接製造金屬或複合材質的產品與工具，例如珠寶首飾及醫療器材，甚至食物 3D 列印機也已被用來列印披薩。而且曾有新聞報導，歐洲太空總署（ESA）計劃在月球以 3D 列印的方式打造人類月球居屋，列印材料可以就地取材，讓人類 40 年內可以住在月球的夢想成真。

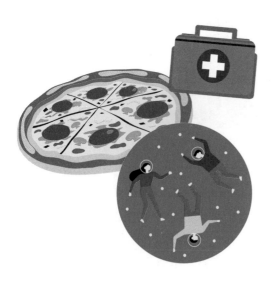

因為3D列印技術大量且迅速地應用在產品設計及製造業，工業設計界將3D列印視為新一波「文藝復興運動」的推手；知名的《經濟學人》雜誌則將3D列印的發展視為第三次

工業革命，也就是「製造數位化」，3D列印技術加上智慧機器人技術，傳統製造業的面貌和生產方式將會有巨大的改變。美國為重振製造業，有鑑於製造數位化的來臨，將3D列印列為策略發展的技術，直接指定3D列印為發展先進製造業的重點技術之一。

　　3D列印技術及製造數位化無庸置疑對未來的產業發展產生重大的衝擊，特別是台灣一向擅長的科技製造業。面對台灣產業在全球市場的競爭力逐漸喪失優勢，政府及企業應該有更積極的創新思維與作為，對企業而言，應用3D列印技術、快速雛型法與NSDB方法論於企業創新與溝通可以產生巨大的效益。

Chapter 9

獨一無二、與眾不同的創新，
才有存在價值！
——建立具競爭優勢的
差異化 (Differentiation)

獨一無二、與眾不同的創新，才有存在價值！

——建立具競爭優勢的

差異化 (Differentiation)

　　小王任職的Ħ公司雖然是全世界生產及提供平價優質之資通產品最具競爭力的公司，但因為面臨全球市場愈來愈多後起之秀的低價競爭挑戰，便將公司的市場定位轉為「創新領導的方案提供商」，針對不同的目標市場及顧客開發及提供創新的顧客方案，並由小王帶領的創新研發處進行公司研發思維與作為的創新轉型。套用「NSDB」的邏輯思維，除了要建置需求導向的研發模式，公司亦期望研發策略從傳統的「成本領導」思維轉為更具競爭力的「差異化」思維，因此小王就差異化為主的研發模式求教於老王。

⧗ 創新的競爭優勢在於「差異化」

企業提供的解決方案若要贏得顧客的青睞有二：優勢價格或優越差異。傳統上，以台灣製造為主的方案提供廠商擅長價格取勝的競爭策略，可是沒有差異化的解決方案終究只能淪於與競爭對手的價格戰。然而殺價競爭終有極限，因為任何企業經營不可能零成本，也不能殺價過頭而形成虧本經營的局面，打價格戰是台灣許多 OEM 甚至 ODM 廠商經常面臨的競爭困境，也往往是空有品牌、沒有差異的品牌廠商無法持續成長的主因。

而就 NSDB 的創新思維而言，滿足顧客需求（N）的解決方案（S），若無超越競爭對手的差異化（D），其所創造的顧客效益（B）遲早會被競爭對手所取代，競爭優勢即使有，也是無法持久的，所以創新成功的關鍵在於滿足需求方案的差異化。

⧗ 競爭策略：成本領導 vs. 差異化

策略大師麥可波特指出，企業無論在廣泛市場（Mass Market）或有限市場（Niche Market）的競爭策略，基本上可區分為「成本領導策略」與「差異化策略」。廣泛市場的「成本領導策略」意指企業為多種顧客群提供比競爭對手更低價的解決方案，競爭力來自降低經營成本；而有限市場的「差異化策略」代表企業為特定的顧客群提供獨特的解決方案，競爭力來自優於對手的差異化。

波特認為，企業若要在目標市場取得相對的競爭優勢，就必須做出策略選擇，否則無法在市場長久立足。成本領導是台灣以製造為主的廠商經常使用的策略，若製造的產品沒有差異化時，就只能以價格與競爭對手競爭，在「無法唯一、只能第一」的競爭壓力下，只好持續 Cost Down，以成本優勢超越對手，但是製造業在生產管理及製程技術的 Cost Down 終究有其極限，最後還是要回歸到顧客方案的創新，也就是能夠將顧客價值極大化的差異化。

差異化就是「只要唯一、不需第一」的策略，基於滿足顧客需求的前提下，提供異於競爭對手的解決方案，並以方案的獨特性產生競爭優勢，就能為顧客創造更大的價值。

⌛ 所以，什麼是「差異化」？

「差異化」是指為目標顧客開發與競爭方案不同的「特性」以滿足解決方案的感覺與功能要求，差異化可以是有形的（Tangible），例如產品外觀或操作程序，也可以是無形的（Intangible）但卻感受得到的，例如令顧客感動的細緻服務。所以方案特性可以是真實的、看得到、摸得到或可測量的，也可以藉由行銷的語言或活動去彰顯或暗示存在或不存在的實質特性。

要注意的是，解決方案的特性必須是因為滿足顧客需求而存在，而不只是方案本身的功能特別或其強大之處而已，否則顧客沒有需要的方案特性只會墊高方案的成本，卻相對降低方案的價值，因此差異

化方案的特性不僅要不同於更要凌駕於競爭方案的特性，舉 2001 年的數位隨身聽市場為例，當時顧客對高儲存量的隨身聽有強烈的需求，所以當 Apple 推出可儲存 1000 首數位音樂的 5GB 儲存容量的 iPod 時，其特性遠優越於當時所有的競爭對手。

當然，解決方案的差異化往往不是單一的特性所形成的，而是由數個優越的關鍵特性所組成，創新的解決方案固然可以因為差異化而創造出異於既有市場的新市場區隔，然而，解決方案必須不斷地創新，唯有持續保持超越對手的差異化才能維持市場區隔的競爭優勢。例如 iPod 結合數個優越特性的差異化，創造出數位隨身聽市場的高端市場區隔，也因為其差異化形成此高端市場區隔的競爭優勢。再以小筆電市場為例，華碩的 Eee PC 創造出當時低價筆電的市場區隔，然而 Eee PC 的差異化顯然不足，難以持續保持其市場的競爭優勢，Eee PC 在小筆電市場的佔有率很快地被宏碁推出的小筆電 Aspire One 所超越。

⌛ 不輕言放棄，任何方案都可以產生差異化

　　許多人對以差異化產生市場區隔的競爭優勢存有一項迷思，亦即許多人認為成熟市場的商品，特別是一般商品（Commodity）如 T 恤或街頭小吃，很難以創新形成差異化。因為一般商品與競爭對手都具有相同的產品特性，所以同類的所有一般商品幾乎都大同小異，無法產生差異化的競爭優勢，只能以價格競爭，因此對市場價格的變動十分敏感。為了破解一般商品無法產生差異化的迷思，已故的行銷管理大師 Ted Levitt 曾表示「任何的事物都可以差異化」。他指出一般商品也可以透過其他方式達到差異化的效果，只要站在顧客的立場，其實差異化可以存在於消費鏈每一個環節，如圖一所示。

[圖一：消費鏈循環]

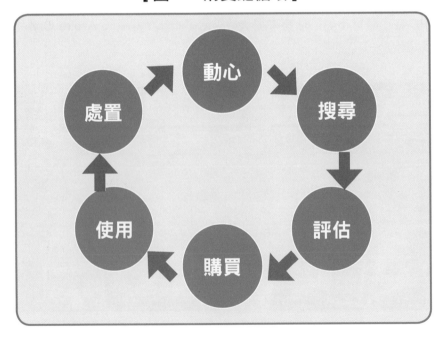

　　消費鏈從顧客動心起念購買某一類商品開始，在尚未購買商品之前，顧客搜尋各個式樣及各個品牌（包括白牌）的商品，找到或看到特定喜歡的商品，評估後決定購買此商品，並透過特定管道購買此商品，購買後開始使用此商品，使用此商品的過程中會產生商品破損而需要修補，使用完商品後需要丟棄或處置，然後進入下一個消費鏈的循環。

　　Levitt 指出，在消費鏈循環的每一個環節，都可以運用行銷或服務的方式對商品產生差異化。行銷差異化主要是針對方案的關鍵特性，例如商品外觀的特徵或精緻服務的流程，做為行銷的重點，彰顯商品的顧客價值。舉例而言，即使是庶民小吃的小籠包也可以工藝製作的方式塑造為精品小吃；一般的T恤則可以藉由名人設計限量版的方式打造為高價的潮服。表一說明在消費鏈的環節如何透過服務形成差異化。

[表一：消費鏈環節的加值服務]

環節	問題	例子
動心	對商品動心之前可以加入服務嗎？	• 商品試用計畫 • 提供預購折扣
搜尋	在搜尋商品時可以加入服務嗎？	• 根據過去購買行為的推薦 • 提供客服查詢
評估	在評估商品時可以加入服務嗎？	• 試用期無條件退費 • 客製化選項
購買	在商品銷售的同時可以伴隨服務嗎？	• 功能展示試用 • 禮遇對待
使用	• 在商品銷售後可以加入服務嗎？ • 商品可以利用服務增加功能嗎？ • 商品可以藉由服務而更新嗎？	• 售後保固維修 • 軟體透過網路自動升級 • 定期維修
處置	• 在消耗品使用後可以加入服務嗎？ • 在商品失效後可以加入服務嗎？	• 定期補充消耗品 • 商品換值回收

⌛ 不要搞混了！
「差異化」和「高價化」是兩碼子事

另一個常發生的差異化迷思是認為方案差異化愈高，其市場的競爭優勢就愈強，其價格就可以定得愈高，這是大錯特錯的想法。

舉例來說，許多技術導向的研發人員以為開發與競爭者高差異化的顧客方案，就必定能在市場成功，所以就盡量在顧客方案「塞進」新的功能或技術，墊高方案的生產成本，將方案的價格定得很高，殊不知差異化若要產生價值必須根植於滿足顧客需求上。所以有高差異化的創新方案並不代表可以創造出高顧客價值，更不代表可以創造出新的高端市場區隔。歷史告訴我們，好的方案並不代表好的市場，好的市場並不代表好的價格，好的價格並不代表好的銷售，因此有差異化的方案若無法滿足顧客需求，並不會絕對保證市場的成功。

「滿足顧客需求的差異化」是創造顧客價值的必要條件，沒有差異化的顧客方案往往代表不能申請智慧財產權的保護，沒有智權保護的方案就不能保護其方案的差異化價值，唯有智權保護的方案才有可能防止競爭對手的仿冒。如果沒有保護措施，市場就會湧現仿冒的競爭方案，最後又會淪為價格競爭，仍可能面臨市場失敗的窘境！台灣經常發生的「一窩蜂」現象，例如葡式蛋塔及網路平價服飾，就是這種「無差異化→仿冒湧現→價格競爭→成本壓力→無心品質」負面連鎖效應的最佳寫照。曾經有一項研究就指出，沒有申請專利保護的產品會被 6 至 10 個競爭者抄襲；平均有 1/3 的新產品會在 6 個月內被抄襲！

　　小筆電雖然是華碩 Eee PC 創造出來的破壞性市場創新，但由於當時的筆電產品的生產製造已是高度標準化及模組化，因此小筆電技術本身可以創造出的產品差異化不高。Eee PC 一上市後，市場馬上湧現眾多的小筆電跟隨者，形成小筆電的差異化價值只得依賴行銷及服務的差異化。在 Eee PC 於 2007 年推出一年後，因為宏碁在當時的行銷能力及品牌價值均優於華碩，華碩的小筆電市占率（33%）馬上就被宏碁的 Aspire One 超越（37%），在 2009 年 Aspire One（43%）的市占率更超越 Eee PC（24.5%）達 18%，這說明顧客方案的差異化愈小，方案本身的競爭力愈低，市場的競爭性愈高。

⌛ 要如何產生差異化？

　　滿足顧客需求的差異化可以增加解決方案的競爭優勢，但是差異化並無法保證市場一定成功，而沒有差異化只能以價格競爭，除非方案本身的技術或提供方案的技術超越競爭對手。企業經營若只靠價格競爭會變得很辛苦，這是台灣許多以製造為主的中小企業經常面臨的經營困境。中小企業為了生存必須想辦法升級轉型，策略之一就是提升方案或技術的差異化，在倡導差異化的創新思維下，表二以土鳳梨酥為例，列出如何產生差異化的步驟。

[表二：如何產生差異化]

步驟	說明	土鳳梨酥的例子
1	發掘顧客的需求	台灣鳳梨酥普遍過甜且原料添加過多化學物，需要更可口健康的鳳梨酥
2	將需求轉化成感覺與功能要求	天然、真實、純樸及美味等要求
3	從滿足感覺與功能的要求找到關鍵特性	使用土鳳梨做原料，包裝技術可以延長鳳梨酥氧化及變味的保存時間
4	將關鍵特性轉換成方案差異化的基礎	以契作方式保障原料來源，研發生產及包裝的新技術，行銷強調真實美味
5	藉由加值服務增加方案差異化	來店免費試吃加品茗的體驗式服務
6	藉由行銷差異化以增加更多價值	純樸風的品牌名稱及標識、體驗式行銷、觀光工廠
7	運用智慧財產權保護差異化	申請生產及包裝鳳梨酥新技術的智慧財產權

⏳ 你該學會的「差異化分析」

　　維持競爭優勢的方法之一就是持續保持優於競爭對手的差異化，也就是要不斷超越對手的創新，而如何確認解決方案的差異化優於競爭對手，方案開發者可以藉由下列差異化分析的步驟對解決方案進行評估，並以表三華碩（ASUS）與宏碁（ACER）於 2008 年推出小筆電的規格為例，分析當時兩大領導品牌小筆電的差異化，其結果呈現於表四與表五。

1 根據可能解決方案，排出功能（Functions）及感覺（Feelings）的優先順序及權重，例如表四的第一與第二欄位。

2 針對每一個功能及感覺給予滿意度評分（Satisfaction Rating），比較不同解決方案，例如表四的分析比較。

3 根據功能及感覺，排出特性（Features）及成本（Cost）的優先順序及權重，例如表五的第一與第二欄位。

4 針對每一個特性及成本給予滿意度評分，比較類似解決方案下各種同等級技術，例如表五的分析比較。

[表三：2008 年 ASUS Eee PC 901 與 Acer Aspire One (8.9 吋) 規格比較]

規格	ASUS Eee PC 901	ACER Aspire One
CPU	Intel Atom N270 1.6GHz	Intel Atom N270 1.6GHz
記憶體	DDRII 1G	DDRII 512MB
螢幕	8.9 吋	8.9 吋
存取硬碟	12GB SSD	8GB SSD
光碟機	外接式	外接式
無線網路	802.11b/g/n	802.11b/g
作業系統	Windows XP Home	Windows XP Home
尺寸	226 x 175 x 39 mm	249 x 170 x 29 mm
重量	1.14 Kg	1 Kg
電池	6-cell	3-cell / 6-cell
售價	$599	$380

[表四：ASUS Eee PC 901 與 Acer Aspire One 功能／感覺的差異化分析]

感覺／功能	權重 (共 100%)	ASUS Eee PC 901	ACER Aspire One
外觀時尚	ASUS	4	5
品牌形象	20%	4	5
操作簡易	15%	5	4
學習容易	15%	4	4
續航力佳	10%	4	3
攜帶方便	10%	4	5
總分 (含權重)		3.75	4

[表五：ASUS Eee PC 901 與 Acer Aspire One 特性的差異化分析]

主要特性	權重 (共 100%)	ASUS Eee PC 901	ACER Aspire One
重量	25%	4	5
電池容量	25%	5	4
操作容易度	20%	5	4
耐摔度	15%	4	4
運算效能	15%	4	3
價格		4	3
差異化價值（特性／價格）		1.1	1.2

★ 註：價格分數愈高，顧客價值相對愈低

　　由以上的小筆電差異化分析可以了解，華碩雖然是小筆電市場的創始者，但是由於筆電產品的組件規格都標準化了，華碩的 Eee PC 與其它的競爭產品幾乎沒有差異化，所以只能以產品設計及行銷策略作為差異化的重點，低差異化的結果就是價格競爭，因此價格就成為銷售成功的關鍵因素。

　　上述差異化分析的目的在於提供決策討論的參考，但是切勿以差異化分析的結果當作決策的唯一依據。在進行差異化分析時，盡量以小組討論的方式設定解決方案在技術、特性、功能及感覺的評分。如果可能，盡量讓方案的目標顧客也參與討論。滿意度評分量度可以從 1 至 5，當然也可以其他評量基準或指標取代，例如「1 至 10」、「+1、0、-1」或「高、中、低」，重點在於找出自己認可且可以彰顯差異比較的方式。除了表格方式的差異化分析外，也可以圖形方式進行，如圖二的橫軸以方案特性作為競爭元素，縱軸為特性滿意度分數，顯現的曲線代表某方案與競爭對手及業界標準的差異化比較。

[圖二：以圖形顯現差異化分析]

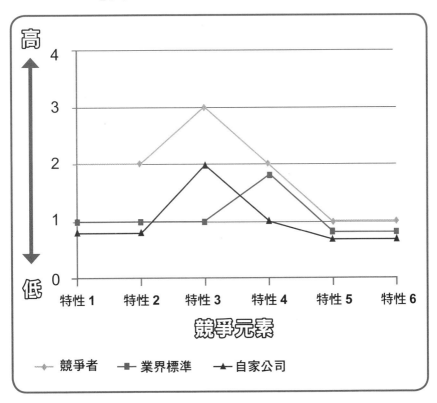

⏳ 差異化的競爭基礎

　　許多企業往往在面臨成本領導的挑戰時，才想要採取差異化策略，於是在顧客方案加上許多顧客有無需要皆可的特性，便以為其方案有了差異化，並將差異化的成本轉嫁給顧客，提高方案售價，且把方案放在網路商店，再掛個品牌，就以為可以成為品牌廠商，顧客就會慕名而來購買，結果當然可想而知，但類似這樣的差異化想法與做法確實存在於不少想藉由研發創新達成轉型目的的中小型製造廠商。

　　企業切忌在不能降低顧客成本、或提升顧客效益的基礎上，就進行差異化，不過，也不要過度差異化，導致方案功能與特性超過顧客真正的需求，墊高企業需要負擔的成本，反而為差異化方案訂定顧客不願接受的價格。相反地，企業必須將方案特性與顧客需求結合，提升顧客使用方案的滿意度，並以行銷及服務等手段增加方案差異化的顯著程度，使顧客容易辨別並對差異化產生偏好。

　　再者，企業也必須針對提供差異化方案的能力進行差異化，避免競爭對手可以合法「仿冒」的方式，發展出類似的差異化方案，其中有效的方法之一是以智慧財產權保護差異化方案，一方面增加差異化產生的顧客價值，另一方面增加競爭對手的「仿冒」成本，達成以差異化為基礎的競爭優勢。

⧗ 「成本領導」與「差異化」可以共存

當麥可波特於 1985 年提出企業競爭必須於「差異化」與「成本領導」兩大策略作出選擇時，許多人誤以為這兩者是「魚與熊掌，不可兼得」，覺得如果選擇差異化策略就必定會增加營運成本，或者選擇成本領導策略就會失去方案差異化的機會。

但其實成本領導與差異化兩大策略並不相悖，是可以共存的，透過商業模式的創新，就可以讓差異化及成本領導產生綜效的有效方法。例如台積電便是以「製造服務化」的模式，一方面以技術創新領先競爭者的晶圓代工技術，並藉由技術創新降低製造成本，另一方面以客製化服務方式提升製造差異化，如此結合才為台積電顧客創造出最大的價值。

再舉西南航空公司的經典個案為例，西南航空於 1971 年創立於德州達拉斯，一開始便將公司定位為區域型的短程廉價航空公司，結合成本領導及服務差異化的經營策略，不僅成功地避開與傳統大型航空公司的正面交鋒，更創造出高成本的大公司無法爭取但是商機龐大的低價航空市場。

西南航空一方面以異於傳統航空公司的經營模式降低經營成本，例如公司只採用波音 737 單一機型的飛機，且不經由中介公司如旅行社販售機票，顧客只能以電話或網路訂購機票；公司只開設時間短、高頻率航班之短途的點對點航線，飛航期間不供應餐點；另外盡量使用城市的次級機場，而不像大公司總是以主要機場為主。

另一方面，西南航空以創新的服務模式，創造出競爭對手難以模仿的服務差異化，例如機票沒有事先劃位，不用對號入座，因此乘客登機週轉時間可以大幅減少到 15 分鐘內；而且公司特別專注於顧客滿意度，建立高度熱忱及親切幽默的員工文化，最有名的服務就是空服員可以隨時講笑話，以化解乘客搭機時的緊張。

　　這樣航班密集、快速週轉、顧客至上的低價航空服務，對每天都要穿梭於美國各大城市的龐大商務旅客族群極具吸引力，因此西南航空得以在美國航空業日漸衰退的大環境下，仍能不斷地擴張與發展，不僅擊敗傳統大型航空公司，也成為航空業即使在世界金融風暴期間仍然獲利的奇蹟。雖然後來有許多企圖仿效西南航空成功策略的後起之秀，但是西南航空經年累積的企業經營能力與文化，終究是任何低價航空公司無法模仿的。

　　綜合以上論述，下表列出差異化策略與成本領導策略的比較重點，但是切記，真正創新的企業是可以結合這兩大策略，針對滿足需求的顧客方案，產生創新的商業模式，將顧客價值極大化，創造企業永續經營的能力。

【 表七： 差異化策略與成本領導策略的比較重點 】

	差異化	成本領導
顧客價值	增加效益	降低成本
策略思維	只要唯一、不需第一	不能唯一、只能第一
適用方案	新的技術、產品與服務	成熟的技術、產品與服務
適用時機	因為方案的本質而可以大幅提昇產品或服務效益	因為方案的本質而侷限可以提昇產品或服務效益的空間
	典型顧客願意付出更高的價錢給可以提昇效益的產品特性	顧客不會因產品的品質、效能或形象提昇，而付出額外的價錢
行銷訴求	滿足需求的新特性	經濟實惠
定價	顧客為滿足需求願意付出的價格	廠商的成本加上可接受的利潤
例子	防水夾克如 GORE-TEX Nike 球鞋	網路平價衣服 白牌球鞋

Chapter 10

繞了一大圈回來，
最重要的還是「效益」！
——高價值創造的**效益**（Benefits）

Chapter 10

繞了一大圈回來，
最重要的還是「效益」！
——高價值創造的**效益**（Benefits）

　　價值創造可以從價值的效益端及成本端著手，而 H 公司原本擅長的是成本領導的競爭策略，對小王這位研發主管而言，降低顧客及經營成本一直是公司最主要的研發任務，且無論是產品研發或製程改善，成本是可以精算的。但是現在公司要轉型為高價值創造的創新研發，著重於提升顧客價值的效益。套用「NSDB」的研發思維，小王理解創新研發必須是根據顧客需求，開發與競爭對手有差異化的解決方案，但是仍苦惱如何藉由方案的差異化為顧客創造最大效益，並如何確認及評量方案所能產生的效益，更令小王苦惱的是，公司對小王的績效目標主要為創新研發的「投資報酬率」，也就是創新研發處對公司的價值創造，於是小王就高價值創造的效益又求助於老王。

⧗ 效益是確認價值的所在

創新的目的是要將顧客價值極大化，顧客價值等於解決方案所產生的顧客效益除以顧客付出的成本（亦即方案的價格），因此創造顧客價值可以從顧客的效益端及成本端著手，而創新也就成為將顧客效益極大化及顧客成本極小化的過程。

我們在上一章說明，提供給顧客的解決方案若是沒有差異化，終究只能以方案價格與競爭對手競爭，但是以降低成本做為競爭力基礎終有極限，企業經營必有成本，企業收入畢竟不能長久低於企業成本，因為企業無法持續虧損經營。所以企業若要永續經營就必須創新，並藉由提供給顧客解決方案之差異化，為顧客產生競爭方案無法複製的效益。

但效益除了具體的商業收益外，例如收入或利潤，顧客使用方案所產生的效益卻是主觀的，經常見仁見智，莫衷一是（例如有沒有用、喜不喜歡的感覺）。一個顧客覺得很有用、很喜歡的商品，另一個顧客可能覺得沒有用、不喜歡；就像一個人眼中的垃圾可能是另一個人眼中的黃金。因此顧客效益往往是因人而異，必須建立在滿足顧客需求的前提下，而效益更需要具象化，也就是可以衡量，才能確認顧客方案的真實價值。

⌛ 什麼是「效益」？

顧名思義，「效益」就是效用及益處，簡單地說就是對顧客有什麼好處。一個方案若能滿足顧客的需求，才會對顧客產生效益，換言之，效益其實就是顧客滿意廠商所提供的解決方案，也就是方案能夠發揮效用，為顧客產生好處。所以，效益源自於方案能夠兌現對顧客的承諾，滿足顧客的期望，而需求代表顧客期望跟結果的比較，一方面是解決顧客問題的期望，此為功能要求（Functional Requirement）；另一方面是滿足心理感受的期望，可稱之為感覺要求（Feeling Requirement）；功能要求可以藉由方案的技術特性達成，而感覺要求通常還可以透過行銷及服務達成。

假設要開發一項專為有科技恐懼症的老人所使用之智慧型手機，在老人顧客使用開發出來的手機後，可用使用的結果代表老人手機的性能（Performance），接著將手機性能與老人使用手機的期望作比較，若手機愈能克服老人的科技恐懼症，則代表老人愈滿意手機的使用；克服恐懼的性能（亦即手機使用的實際表現）若超越老人的期望愈多，則代表老人的滿意度愈高，滿意度愈高則代表老人使用手機的效益愈好，效益愈好則代表手機愈能達成老人不懂使用智慧手機溝通的功能要求。同樣地，老人對手機的感覺效益則來自於老人購買與使用手機的心理感受，例如老人若覺得手機很簡單可愛，就會減少對手機的恐懼感；當老人對手機的愉悅感受愈好，代表滿意度愈高，滿意度愈高，代表手機愈能滿足老人不畏科技的感覺效益。

顧客效益主要來自兩部分，如表一說明，第一是問題的解決，又稱為使用效益，代表顧客滿意方案的使用需求；第二是愉悅的感受，又稱為感覺效益，代表顧客滿意方案的感覺需求；感覺效益又包含服

務效益及形象（品牌）效益。雖然商品的使用也會產生感覺效益，特別是商品的設計（例如外觀或顏色）會影響顧客的使用感覺，但是因為顧客感覺是主觀的購買因素，即使是商品使用的感覺效益還是可以服務及行銷（形象品牌）的方式去強調或強化。

[表一：Eee PC 的顧客效益分類及例子]

效益種類	華碩 Eee PC 例子
使用效益	解決老人不敢使用一般筆電的問題
性能	直覺式的圖像選單讓操作變得簡單，學習變得容易，
持續性	Eee PC 可以長時間使用而不當機
可靠性	Eee PC 非常堅固，使用非常多次而不會發生故障
服務效益	華碩的服務品質非常好
便利性	全國各地都有實體營業及服務據點
時效性	網路不打烊的營業及服務據點
技術支援	技術支援電話熱線
問題的處理回應	服務及技術人員服務品質佳
售後服務	全球一年保固
形象（品牌）效益	Easy to Learn、Easy to Play、Easy to Work
個性	簡單（Easy）
標識	*Eee PC*
品牌	Eee PC

使用效益是因為使用解決方案後，能夠解決顧客的問題，也就是方案的實際特性超越方案的開發規格，例如小筆電的「電池續航力要佳」為功能要求之一。因此，若小筆電的電池使用時間規格定為 4 小時，而是小筆電使用長效電池實際可以使用 5 小時以上，則代表電池的性能佳，達到電池的功能要求，產生使用效益。

　　使用效益主要靠方案的性能及品質，性能意指方案特性發揮效用的實際表現，而品質代表方案在使用上的持續性及可靠性。服務效益是因為顧客在購買及使用方案時，受到方案提供者的服務而產生愉悅的感覺，服務效益主要靠服務品質，例如服務便利性，時效性、顧客問題的處理回應、技術支援與售後服務。形象效益是來自顧客在購買及使用方案時，對方案提供者及方案的欣賞及認同的感覺，所以方案提供者通常會透過行銷、服務及品牌等方式來提升方案及提供者的形象，塑造方案獨特與卓越的個性、標識及品牌，讓顧客產生欣賞及認同的感覺。

⧖ 從「特性」到「效益」再到「價值」

　　許多廠商經常錯誤地將效益等同於解決方案的特性，例如小筆電的實際重量或尺寸是特性，但是真正的效益是來自顧客對解決方案的功能需求及感覺所認定的滿足，例如容易攜帶為小筆電的功能要求，當然這些滿足還是要透過解決方案的特性去達成，例如重量輕及體積小的小筆電滿足容易攜帶的要求。所以解決方案的特性必須滿足顧客需求才可以產生顧客效益，如此顧客效益才可以真正創造顧客價值，這也是為什麼顧客不是付錢購買商品（產品或服務），而是購買經由解決方案所能達成的使用效益與感覺效益。

　　方案提供者可以藉由方案測試或顧客調研去發現那些對顧客極為重要的少數特性，這些特性往往又是影響顧客購買的關鍵因素，再利用這些要素去驅動行銷、服務、包裝、定價、品牌等策略，形成解決方案優越競爭方案的差異化。而其中競爭對手最難以超越的差異化便是品牌所代表的方案形象及個性，所以廠商經常藉由品牌塑造來強化解決方案對顧客的感覺效益，提升顧客價值。

　　再以小筆電為例，華碩的 Eee PC 雖然是小筆電的創始者，但是宏碁的 Aspire One 卻馬上成為後來居上的市場領導者，原因在於當時所有小筆電的產品規格都已標準化，產品特性幾乎沒有產異化，使用效益很難區別及提升，所以宏碁在推出 Aspire One 時就特別著重於外

觀設計及行銷策略，選用性能較低但目標顧客較不注重的技術來降低價格，並以外觀時尚與物美價廉作為差異化的重點，邀請名人及名模代言，強調 Aspire One 對顧客的感覺效益，塑造 Aspire One「精彩全在手」的價值訴求與品牌形象。圖二說明 Aspire One 如何轉化從特性到效益再到價值的過程。

[圖二：Aspire One 的「特性→效益→價值」]

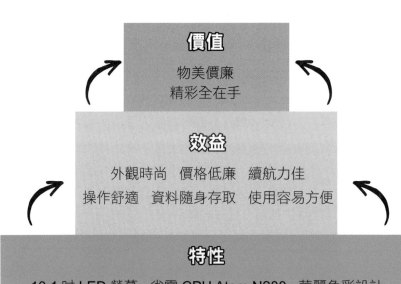

價值
物美價廉
精彩全在手

效益
外觀時尚　價格低廉　續航力佳
操作舒適　資料隨身存取　使用容易方便

特性
10.1 吋 LED 螢幕　省電 CPU Atom N280　華麗色彩設計
6cell 長效電池　內建藍牙及五合一讀卡機
160G 大容量　SATA 硬碟
CrystalEye 暗光補強視訊　全機重量僅 1.23Kg
1 年 58 分鐘國際保固

[圖三：缺乏差異化的小筆電最終只能被取而代之]

⧗ 神奇的「感覺效益」
經常會主導高價值創造

　　一般而言，感覺效益所佔顧客價值的比率遠大於使用效益，主要原因在於人的購買行為往往是感性大於理性，特別對「買得起」的消費者而言，消費商品的目的在於滿足較高的心理層次需求，就像鼎泰豐的顧客願意花更高的金額及更長的時間排隊去享受「小吃精品店」的小籠包；就連折扣優惠的行銷技巧也是在滿足顧客「貪小便宜」的心理需求，讓顧客產生「撿到便宜」的感覺效益。

如圖四所示，滿意度高的解決方案是同時滿足顧客的使用及感覺需求，不僅顧客願意再次購買，也會推薦其他顧客購買，傳播購買口碑；如果使用效益不如顧客的預期，顧客問題沒有解決，引起客訴或抱怨，只要照顧好顧客的感受，好好跟顧客說明、解釋與溝通，顧客通常仍可接受感覺效益，還是會願意給方案提供者補救的機會；但是顧客的使用效益再好，如果感覺效益很糟，例如販賣優質產品的服務人員態度不佳，常與顧客爭吵，顧客是不會願意「花錢找罪受」，寧可多花一點錢，少受一點罪，所以解決方案必須重新打造，強化感覺效益；最糟糕的解決方案就是沒有使用效益，也沒有感覺效益，顧客是不可能花錢購買對自己沒有任何效益的東西的。

[圖四：感覺效益大於使用效益]

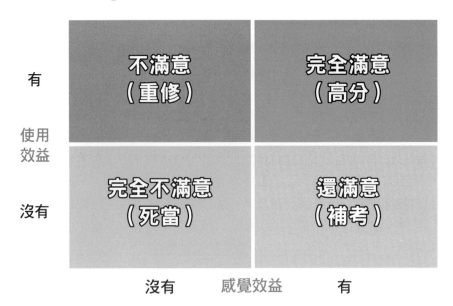

感覺效益往往大於使用效益還有另一個原因──顧客的感覺才是決定顧客終生價值（Customer Lifetime Value， CLV）的最關鍵因素。

CLV ＝ 平均顧客價值 X 購買頻率 X 時間

CLV 即是顧客終其一生能帶給企業的總價值，由顧客一生購買廠商提供方案的頻率及金額決定。如圖五所示，顧客的感覺效益主要是來自廠商的服務及行銷，感覺效益又主導顧客關係及顧客滿意度，因而影響顧客的忠誠度、廠商及方案的形象與口碑，進而影響顧客購買的頻率及金額。舉 Apple 的 iPhone 為例，無論手機科技如何演化，或者競爭手機功能是否優於 iPhone，全世界始終有一群龐大的 iPhone 粉絲，「毫無理性」地瘋狂支持 iPhone，關鍵因素就是 iPhone 對粉絲造就的感覺效益。

[圖五：感覺效益主導高價值創造]

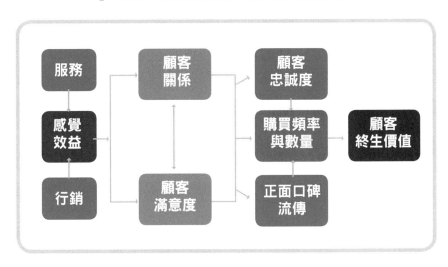

所以顧客想要的解決方案通常牽涉到人類的情緒面（Emotion）
和感知面（Perception），這些感覺需求可以藉由解決方案的行銷及服
務之配套措施來滿足。如圖六所示，顧客的感覺效益主要來自滿足下
列馬斯洛（Maslow）在最底層的生理需求以上之各種層次的心理需求。
表二列出感覺效益所能滿足的心理需求：

[表二：馬斯洛需求層級的感覺效益]

層次	需求	感覺效益	例如
自我實現	顧客想要的是自我掌控，自我挑戰，滿足自我實現的需求。	自己決定、自己控制、自己操作、自己解決問題。	闖關進階的機制。
自尊	顧客想要的是特別待遇，優惠尊重，受人尊重，滿足自尊的需求。	是獨特的，以稀為貴、以少易多、比他人多。	VIP 服務。
愛與歸屬	顧客想要的是夥伴關係，福難共享，滿足愛與歸屬感的需求。	不一樣的、可歸屬的、可相信的、親近的、長久的。	會員俱樂部。
安全	顧客想要的是便利舒適，避免風險，滿足安全感的需求。	不花時間、容易方便、不費體力、不傷腦筋、不受威脅。	網路購物。

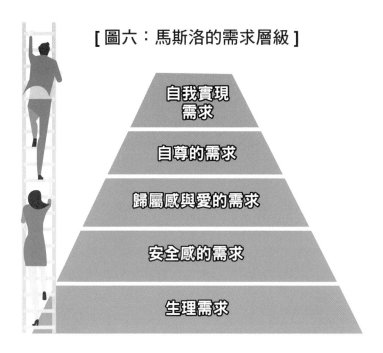

[圖六：馬斯洛的需求層級]

自我實現
需求

自尊的需求

歸屬感與愛的需求

安全感的需求

生理需求

商業效益

　　上述的使用效益及感覺效益主要是滿足顧客購買及使用方案的需求，唯有如此，顧客才會願意付錢購買，方案也才會因為顧客購買為企業創造營收，所以任何解決方案除了必須產生顧客效益外，也必須對方案提供者產生商業效益。若是顧客效益無法轉換成商業效益，或是顧客效益的最終收入沒有大於投入解決方案的成本，就等於方案提供者在虧損經營，如此就無法持續投資或提供解決方案。

　　顧客效益與商業效益是一體兩面，相互支持的，顧客效益等於解決方案加滿意度，顧客對解決方案的滿意度愈高，顧客效益就愈好，

效益愈好就愈能創造顧客價值；而創造顧客價值其實就是等於在創造企業價值，顧客價值愈好，願意購買或使用的顧客就會愈多，顧客愈多就愈能創造商業效益，商業效益愈好，就愈能創造企業價值；如果企業價值愈高，代表企業可以投資創新方案的資源愈多，創新方案愈多，就愈能產生顧客效益，如此創造顧客價值與企業價值就形成一種相得益彰的正面循環。

商業效益代表對方案提供商所能產生的好處，舉例而言，如果企業預期老人智慧手機可以產生十億的市場，但果真因為顧客滿意度高而賣出十億的手機，就表示企業所研發的手機對企業產生商業效益。如果預期十億，而實際結果是二十億，那商業效益就更大了。即使是企業投資的內部解決方案也必須產生商業效益，例如手機製造商為降低生產成本，因此投資新製程的研發，若是新製程無法達到降低成本的預期目標，代表新製程的使用效益沒有產生，當然就沒有產生手機製造商所預期的商業效益，製程創新的目的也就沒有達成了。

商業效益講究的是對企業案主（Sponsor）的投資報酬率，這些企業案主通常是方案購買者或提供者，所以在描述商業效益應該說明投資前後的改變。舉例而言，A 公司購買 B 公司的庫存管理系統，導入實施一年後，為 A 公司減少 5 百萬的庫存成本，這 5 百萬的庫存成本就是 A 公司的商業效益；又或者 C 公司所開發的智慧手機為該公司每年創造 100 億的收入，這 100 億就是 C 公司的商業效益。通常企業投資研發或購買解決方案，會設定預期的商業效益，以檢視企業的投資報酬率，以下是企業案主可能設定的商業效益：

- 增加 20% 收入
- 增加一倍利潤
- 擴大 10% 市場佔有率
- 增加 50% 銷售量
- 縮短 30% 獲利的時間
- 提升 5% 顧客服務滿意度
- 通過服務品質認證
- 增加 50% 現金流量
- 提昇員工的專業技能
- 減少 1/2 產品庫存

- 縮短 1/3 新產品週期
- 減低產品進入市場障礙
- 加強 30% 產品效能
- 提升 30% 公司經營效率
- 提高公司投資報酬率 1.5 倍
- 讓公司進入新事業領域
- 妥善解決公司重大問題
- 增加 40% 顧客重購率
- 選入台灣十大品牌
- 零重大顧客抱怨次數

效益評量

　　「顧客效益」是指方案特性達成功能及感覺要求的程度；「商業效益」是顧客效益衍生對企業案主的實質報酬，無論是顧客效益或商業效益，都必須明確且可量化，才能具體說明解決方案所能創造的顧客及企業價值。但是要如何知道有這些效益的產生？根據上述提到的效益，我們可以設定不同的評量指標，如表三的說明，使用不同的評量方式，可以進行不同的效益評量。

第一種叫做顧客感覺效益，強調的是顧客在購買及使用方案的回應與應受，無論是以技術、產品或服務為主的方案，最終都須回歸於顧客的感覺，即使是製造廠商還是有顧客，也還是要注重下游廠商的顧客關係及顧客滿意度。有幾種方式可以評量顧客的感覺好不好，一為設計問卷進行調查；二是挑選重要顧客進行訪談；三是從推薦指數知道顧客是否推薦你的解決方案，如果推薦指數愈高，通常代表顧客感覺效益愈好；四是如果顧客的重購率高，通常就代表感覺效益好，否則顧客不會願意「重蹈覆轍」。

第二種是解決顧客問題的使用效益，假如承諾顧客使用方案後會更安全，就可以測試或觀察使用方案後是否真的更安全，甚至方案在開發出來後直接做檢測是不是符合安全的規格，如此可以知道方案的特性或性能是否可以滿足功能需求，以及是否能夠產生使用效益。

第三種是對企業案主的商業效益，藉由實際的營運及財務結果，與營運及財務目標作比較，了解是否產生商業效益。

[表三：不同的效益評量]

效益類別	強調重點	評量方式
顧客的感覺效益	顧客回應及感覺	• 問卷調查 • 顧客訪談 • 推薦指數 • 重購率
顧客的使用／應用效益	方案特性及性能	• 特性測試 • 使用測試
案主的商業效益	財務及營運指標	• 實際營運結果 • 財務預測 • 投資效益預測

　　企業的經營管理有個守則：「沒有評量就沒有管理。」（No Measurement, no management.）亦即任何經營成效如果無法量化評量，就無法進行管理。即使是抽象的管理概念，例如無形的（Intangible）企業形象或品牌價值，也都可以量化成有形（Tangible）的評量指標，就像台灣每年都會發表的企業形象或品牌價值排名，所以每種效益都可以量化，最簡單的量化指標就是 0 與 1 所代表的沒有或有。如果解決方案的預期效益不能量化，那就代表效益無法衡量，也代表方案所能創造的價值無法確認，案主就應該審慎考慮要不要投資！

Chapter *11*

有創業念頭的你不能不知道！
——NSDB 在新創事業的應用

Chapter 11

有創業念頭的你不能不知道！
——NSDB 在新創事業的應用

小王被 H 公司升任為創新研發處長後，便聘請老王擔任公司的創新顧問，傳授老王在工研院開發之「NSDB」創新模式與方法，並廣泛地將 NSDB 應用在公司的技術研發，獲得不錯的評價與成果，屢屢超越公司交付的研發績效目標。

在學習 NSDB 後，小王體認到創新研發處的真正使命是在為公司創造新價值，而不是以往認知的在創造新技術而已。小王也理解到創新的關鍵在於創新構想的價值主張，創新的過程必須是技術發展與商業發展齊頭並進，才能將技術價值轉化為讓公司不斷成長的商業價值。

同時，H 公司為了提升永續發展的整體競爭力，成立新事業企劃處，希望將創新研發成果以新創事業的模式成立新事業單位或衍生子公司，促成 H 公司的多角化經營與持續發展。由於新事業企劃處長小高見識到 NSDB 在創新研發上的成效卓著，所以商情小王的引薦，向老王請教 NSDB 在新創事業的應用……

⧗ 高價值創造的 S 曲線

　　創新的目的在創造顧客價值，顧客不會願意購買對他們沒有價值的商品（有價格的顧客方案），顧客價值代表顧客從商品獲得的效益減去或除以顧客付出的成本，因此顧客效益必須大於顧客成本，才會創造出顧客價值。效益來自於顧客對需求的滿足，任何顧客方案皆必須根據顧客需求發展，通常愈能滿足顧客需求的方案，顧客愈會願意購買，或願意付出愈高的成本購買。但是如果顧客方案與競爭方案沒有差異，意即方案產生的顧客效益與競爭方案類似，顧客就愈容易選擇價格較低的方案。

　　因此，創新的意義是能夠推出更具有差異化且更能滿足顧客需求的顧客方案，如此才能為顧客創造更高價值，顧客才會更願意購買對他們有更高價值的商品，企業也才能因為顧客更有意願購買所提供的商品而獲得更大的商業效益。當企業的商業效益遠大於企業付出的商業成本，才更能創造企業本身的價值，這是高價值創造最基本的模式，也是「NSDB」創新模式的真正意涵。

　　「NSDB」創新模式在於為顧客及企業創造高價值，但就創新的過程而言，創新在於將創新構想（創意）發展為對顧客有價值的顧客方案（技術、產品、服務或系統）。一旦顧客方案經由商品化（Commercialization）的手段轉變成有價格的商品，就會在目標市場推出，並經由行銷（Marketing）的手段來捕捉商品的市場價值，通常

為持續創造及捕捉商品價值，創新團隊會成立新創事業（創業），以達永續經營商品的目的，這就形成價值創造的 S 曲線。

　　如圖一所示，價值創造的起始點為創意，價值創造的過程為創新，價值創造的延續為創業，從創意到創新再到創業的每一階段所創造的價值呈現出 S 形狀，每一條 S 曲線就代表一個新創事業的價值創造過程。

[圖一：「三創」階段的價值創造曲線]

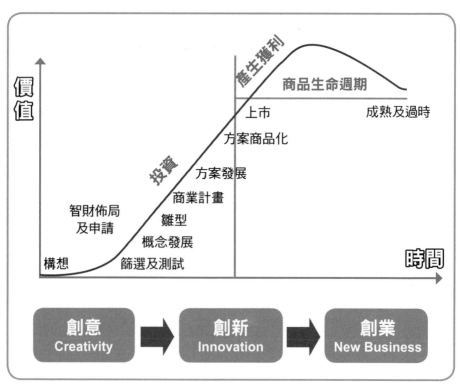

★ 改自於 Carlson & Wilmot （2006）

　　一個可以真正創造價值的創意，是從眾多構想中篩選及測試出來的，並發展為具體概念，瞭解其商業機會及潛力，若是具有商業價值，可以透過雛型，驗證技術及市場的可行性，而且就可能的商業價值，進行智慧財產的佈局與申請，以保護其商業價值在未來不被侵犯。然後開始進行創意的商業規劃（Business Planning），將創意發展為對顧客有價值的解決方案，並透過商品化的手段將顧客方案轉化為可以在交易市場買賣的商品。

　　一旦商品上市後，便進入所謂的「商品生命週期」，會面臨市場的挑戰與競爭，接受「市場叢林法則」的考驗。所有的商品都會經歷類似拋物線的生命週期，只是拋物線的幅度及長度不同而已。所以企業要將商品轉化為可以永續經營的事業，確保商品具有市場競爭優勢，不僅可以在市場持續存活，還可以不斷為企業創造價值。

　　價值創造的曲線從創意階段開始，歷經創新階段，再到創業階段，形成「三創」的 S 曲線。當商品開始進入到生命週期的衰退階段，也就是在商品己經成熟或開始過時，處在生命週期的高點時，企業就應該開始進行另一波的價值創造，這可以在既有的 S 曲線上延生出一個新的 S 曲線，或者重新開始打造另一個全新的 S 曲線，如圖二所示。企業唯有如此持續不懈地啟動「三創」的 S 曲線，也就是透過創意、創新及創業，源源不絕為顧客及企業本身創造價值，才能長青不朽，永續存在。

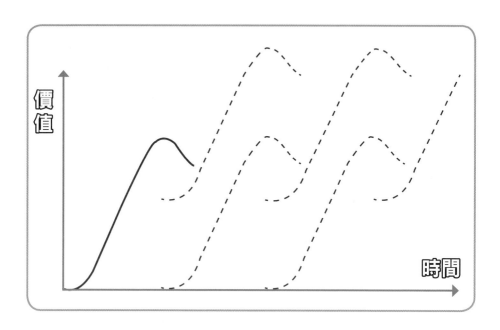

[圖二：企業持續創造價值的模式]

⌛ 運用「NSDB」打造價值主張

　　任何創新的成果是市場的顧客需求與企業的技術能力之交集，因為創新必須發展滿足顧客需求的新解決方案，一方面企業要很清楚地瞭解市場趨勢及顧客需求，另一方面企業要有足夠的技術能力打造出與競爭對手有差異化的解決方案，顧客需求與技術能力兩者缺一不可，所以說價值創造是商業發展與技術發展齊頭並進的過程，兩者交集的共同點就是對顧客的價值主張（Value Proposition），若沒有價值主張來引導創新，創新所需要的商業發展與技術發展容易失衡，在商品化的過程經常造成有技術價值的商品沒有足夠的商業價值，或者有商業價值的商品因技術價值不足而失去競爭優勢。

[圖三：價值創造是技術發展與商業發展並重並行]

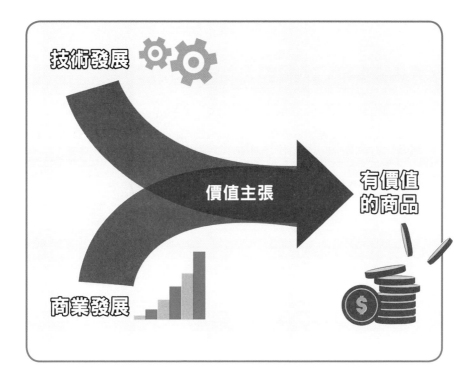

　　創新成功的關鍵在價值主張，也就是要回歸到顧客價值創造的基本問題：你的顧客價值主張是什麼？你的顧客是否願意以特定價格購買你所提供的方案？你的方案是否可以滿足顧客重要的需求？你的方案是否可以解決顧客重要的問題？你的方案是否具有獨特的差異化？你的方案是否可以產生實質的顧客效益？換言之，高價值創造之道在於提出洞悉顧客需求（Needs）的解決方案（Solution），並透過與競爭對手的差異化（Differentiation），為顧客創造最大的效益（Benefits），簡稱為 NSDB 價值主張（如圖四），而連結 N-S-D-B 就是高價值創造的思維與實踐。

[圖四：NSDB 價值主張]

- 確認顧客需求（Needs） 〔N〕
- 提出解決方案（Solution） 〔S〕 ─┐ 連結
- 藉由優越差異（Differentiation）〔D〕   **N-S-D-B**
- 產生最大效益（Benefits） 〔B〕 ─┘ 創造高價值

若以 Apple 於 2003 年所推出的 iPod+iTunes 顧客方案為例，其 NSDB 價值主張的組合就會如下表一所呈現的樣貌。

[表一：iPod+iTunes 顧客方案的 NSDB 價值主張]

目標顧客：追求風尚的音樂聆聽者

Needs	**Solution**	**Differentiation**	**Benefits**
• 能方便存取喜愛的歌曲，而非整張專輯。 • 儲存容量夠大、操作介面容易、易於攜帶。 • 合法且便宜的音樂檔。 • 外觀時尚。	• 推出 iTunes 音樂撥放軟體及音樂下載平台。 • iTunes Music Store 可下載具版權之 0.99 美元音樂單曲。 • iPod Classic 儲存容量為 5GB，重量僅約 200 公克。 • iPod 與 PC 連結時，PC 會自動將 iTunes 的音樂資料庫與 iPod 同步。	• iPod 的體積小，攜帶方便，而且儲存容量大（首版的 5GB 約可儲存 1,000 首音樂）。 • iTunes 所代表的是一個全世界最龐大的音樂資料庫，無論熱門或冷門，消費者可挑選自己喜愛的音樂聆聽。 • iPod + iTunes 創造出無與倫比的音樂享受風格。	• 開闢一個其它廠商難以撼動的隨身量位音樂播放器及線上音樂聆聽的創新商業模式。 • 至 2011 年，iTunes 的音樂總下載量已突破 160 億，而 iPod 的銷售量也累積超過 3 億台。

價值主張訴求：引領風尚的隨身音樂享受

⧗ NSDB 成功的關鍵問題

　　連結 N-S-D-B 打造價值主張是 NSDB 最基本的應用，如果套用
NSDB 金三角分析模式（如圖五），任何創新構想可以 N-S-D-B 四個
階段的分析，檢驗創新構想是否可以創造高價值，而在 N-S-D-B 的每
一階段都要回應如表二的關鍵問題，以確認創新構想是可以發展為具
有市場價值的商品，在市場可以贏得顧客的青睞。

[圖五：NSDB 金三角分析模式]

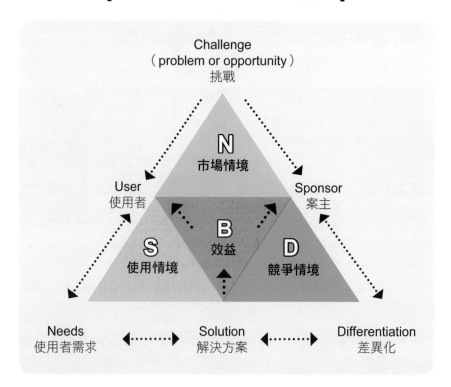

[表二：N-S-D-B 四個階段的關鍵問題]

需求分析 N	方案分析 S	差異分析 D	效益分析 B

- 案主（投資者）是誰？案主的期望為何？
- 目標使用者是誰？有哪些共同特質？
- 目標使用者的重要問題為何？
- 這些重要問題的市場需求為何？
- 市場規模有多大？

- 使用者對解決方案的感覺及功能要求為何？
- 解決方案所呈現的特性是否滿足使用者的感覺及功能要求？
- 是否能將解決方案視覺化／雛型化以驗證技術可行性？

- 解決方案與競爭方案的差異是否足夠明顯？
- 解決方案的差異化所產生的技術特性是否比競爭對手優越？
- 方案的差異化是否可受智權保護？

- 使用者使用解決方案後所獲得的效益有哪些？
- 解決方案能夠帶給「案主」哪些效益？
- 效益是否能以數字或具體的方式呈現？

創新團隊可以應用 NSDB 金三角來分析創新構想是否可以創造高價值，並藉以打造出連結商業發展與技術發展的 NSDB 價值主張，如果創新團隊想要將商品事業化，以驗證過的商品價值成立新創事業，並尋求創業投資者投資新創事業，創新團隊應該特別檢核以下問題，以確認對 NSDB 價值主張的信心度：

❶ 目標市場區隔是否已明確地定義？

❷ 是否已確認目標顧客的重要需求？

❸ 解決方案是否針對顧客需求並可以被顧客瞭解？

❹ 解決方案的要求與效益是否已充分定義？

❺ 滿足顧客需求的技術特性是否與競爭對手有顯著的差異？

❻ 潛在商業效益至少超過投入成本的五倍以上？

❼ 現在是否是最佳的進入市場時機？

❽ 進入市場的策略與管道是否夠快、夠有效？

❾ 價值主張對顧客而言，是否簡潔與具吸引力？

❿ 商業模式對案主而言，是否足以說明新事業如何獲利？

⓫ 你是否有熱情，堅定提倡你的價值主張與商業模式？

⓬ 你的新創團隊是否有足夠的商業發展能力？

除非創新團隊對以上每個問題至少有五成以上肯定的答案，並可根據商品的價值主張設計出有足夠信服力的商業模式（Business Model），否則先別貿然投入新創事業。

⧗ 運用 NSDB 在不同新創事業的簡報

運用 NSDB 打造創新構想的價值主張，用以檢視及驗證創新構想的價值創造程度是 NSDB 的基本應用，無論在哪一個價值創造 S 曲線的時間點上，一旦創新團隊決定啟動創業，以新創事業來延伸及擴大創新構想的價值創造時，創新團隊就需重組為具有商業發展能力的新創團隊，並在開始就會面臨募集創業資金的挑戰。創新團隊也需思考如何將資金運用在新創事業所需要的技術研發、商品化與事業化資源與活動上，同時撰寫新創事業計畫（Business Plan），簡稱 BP，闡述新創事業的發展規劃。

然而，成立事業體的時間點愈是在 S 曲線的前面，募資的挑戰愈是艱鉅，因為新創事業的種子與開花結果的距離愈遠，從技術研發到商品化再到事業化的風險因素就愈多亦愈高，當然對創業投資者的投資風險就愈高，因此新創團隊必須懂得如何對創業投資者做簡報，並製作簡報投影片（Presentation Slides）。在創業投資圈，對創投業者做簡報稱為 Pitch（推銷演說），簡報投影片稱為 Pitch Deck，Pitch 通常是 BP 的精簡版，最終的用意在於說服創投者願意給予新創事業所需要的資金。

　　如圖六所示，套用 NSDB 架構所做成的簡報起始於「動之以情」，以解決目標顧客重要問題的同理心，從情感面發掘顧客需求的痛點，再用顧客角度闡明顧客問題的重要性與需求的真實性，並估算目標市場需求的規模，吸引投資者對目標市場的關注。然後「說之以理」，運用發展顧客方案的邏輯條理，陳述方案如何有效解決顧客的重要問題，滿足顧客的重要需求，並以「對照方式」的差異化分析，說明方案贏過競爭方案之競爭優勢。最後「誘之以利」，以客觀量化的數據，驗證新創事業所能創造的商業價值，強調方案對投資者所能產生的商業效益，勾勒新創事業的成功願景，促成投資者的投資決定。

[圖六：NSDB 簡報重點的金字塔]

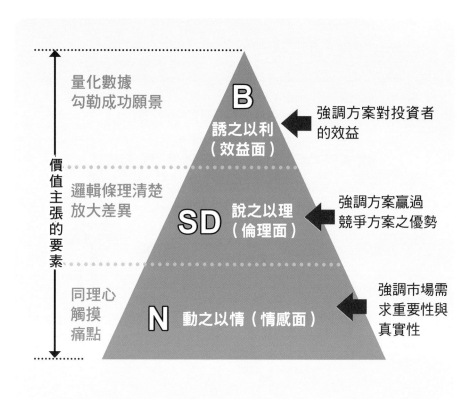

成功的新創 Pitch 通常是三分機運、七分實力，創投者對新創團隊的雙方合意投資就像一對情人從相遇到相戀再到結婚的過程，雙方能夠相遇即是有緣。但有緣並不一定就能修成正果，而且世間鮮有「街頭相遇」就一見鍾情而立即結婚的案例，所以有時候憑著相親的「媒妁之言」反而更能促成姻緣。所以台灣存在許多的創投媒介平台、機制與場合。但是無論如何，機會只留給有準備的人，新創團隊一定要隨時隨地準備好新創 Pitch 及簡報！

一般而言，根據 Pitch 的場合、對象與時間的長短，以及主要的目的，新創 Pitch 可分為三種：1）電梯演說（Elevator Pitch）、2）展示演說（Demo Pitch）與 3）完整演說（Full Presentation）。圖七顯示新創事業爭取創投者投資從心動到感動再到行動的過程。

[圖七：NSDB 的三階段簡報應用]

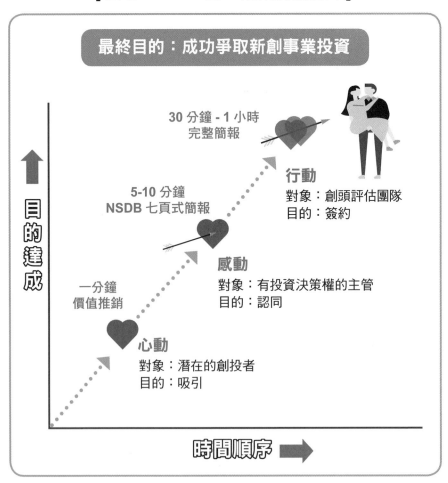

最終目的：成功爭取新創事業投資

30 分鐘 - 1 小時
完整簡報

5-10 分鐘
NSDB 七頁式簡報

一分鐘
價值推銷

目的達成

行動
對象：創頭評估團隊
目的：簽約

感動
對象：有投資決策權的主管
目的：認同

心動
對象：潛在的創投者
目的：吸引

時間順序 ➡

❶ 電梯演說（Elevator Pitch）

　　電梯演說的目的是在很短的時間內呈現新創事業的價值主張，吸引潛在創投者的目光，令創投者心動，因而願意提供下一次見面的 Pitch 機會。電梯演說的時間從 30 秒到一分鐘皆有，通常發生在與潛在創投老闆「偶遇」的場合，例如在創投機構的電梯裡，所以稱電梯演說。這種場合就像一個男人在電梯裡偶遇一個心儀的女人，想辦法在最短時間內讓女人對他建立良好印象，因而說服女人願意給他第一次約會的機會。

　　電梯演說通常是一段簡潔有力、精心設計及事先演練過的演說，所以能夠在最短的時間（搭乘電梯的時間內）吸引潛在的創投者願意投資你的新創事業。電梯演說通常是新創事業對創投者最具經濟效益的「價值主張」，演說內容必須簡單明瞭到連清潔電梯的工人都能心動，所以要避免使用艱澀難懂的技術性言語。另外，電梯演說並不是賣膏藥的演說，忌諱華而不實的推銷術，演說重點在於呈現對創投者的可能商業效益，例如投資報酬率，目的在吸引創投者的興趣，願意給你進一步的說明機會。表三為 NSDB 電梯演說的工作表，表四則以全溫層物流為案例，製作 NSDB 電梯演說的內容。

[表四：NSDB 電梯演說的工作表]

開場：釣餌（Hook）
吸引潛在顧客的注意力，引發他對議題的興趣。

內容：聚焦（Focus）
以 NSDB 說明這位潛在顧客為什麼要購買你的解決方案？

Needs	Solution	Differentiation	Benefits

結語：下一步（Request for Action）
提出你所要的下一步，製造後續行動。

[表五：NSDB 電梯演說範例—多溫共配物流]

對象：達融貨運王董事長

開場（Hook）：
王董事長，我知道冷凍車的進口關稅和油料費費用佔成本支出的 50%，在美國只佔 40%，您最近一直在思考如何能夠降低物流成本，提昇配送效率的方法。

Needs	Solution	Differentiation	Benefits
現在的冷凍車進口關稅高，不僅耗油不環保，而且使用壽命短；再者，一台冷凍車只能配送一種溫度的物品，配送效率低	我們開發了多溫共配技術方案，可以將蓄冷箱搭配多種溫度的蓄冷片，放在同一部普通貨車內，可同時間配送不同溫度需求的物品	這套多溫共配技術方案為全世界獨一無二，擁有45 件專利及 29 項商業機密	最重要的是這套方案可以省去進口冷凍車關稅成本，降低 50% 的冷凍車耗油成本，提昇貨品配送率 35%

結語（Request for Action）：
能資所為達融貨運設計了一套能夠節省成本，創造利潤，還能超越其他廠商的作法，下星期能否和您約個時間到貴公司報告詳細的內容。

❷ 展示演說（Demo Pitch）

　　展示演說的目的是在有限的時間內展示出新創事業的商業價值，爭取台下創投業者對新創事業的認同，促成創投者初步的投資決定。展示演說的時間從 5 分鐘到 10 分鐘皆有，通常發生在創投媒介、創業競賽或募資路演的場合。展示演說就像模特兒在舞台上走秀，一定要秀出展示服裝的特質與內涵，進而感動台下評審而給予佳評及高分。

　　展示演說通常是爭取創投者投資最關鍵的演說，每一次的展示演說都是在考驗創投者對新創事業的認同與信心，一個成功的展示演說能幫助新創團隊在短短的幾分鐘內募集到新創事業要加速成長的資金，所以新創團隊必須對每一次的展示演說有充分的準備。

　　由於展示演說大多有時間的限制，也就是演說者若不能在演說時間之內說服台下的創投者認同新創事業的商業價值，這就是失敗的展示演說。基本上，展示演說要在 5－10 分鐘內以新創事業解答 NSDB 金三角分析的關鍵問題（參照 P.211 表二），還要說明商業模式的獲利能力與新創團隊成員的經營能力，並將演說內容製成 7 至 10 頁的簡報投影片。下圖以 7 頁的 NSDB 簡報為例，呈現展示演說的簡報內容。

[圖八：以 NSDB 架構為基礎的展示演說簡報]

Introduction 提出顧客面臨的挑戰與問題	源起與目的
Needs　點出顧客心中的痛與目標市場規模	顧客需求
Solution　你的顧客方案如何解決問題，滿足需求	解決方案
Differentiation　競爭對手無法比擬的特色與優勢	特色差異
Benefits　能為顧客與投資者帶來哪些好處	產生效益
Business Model　顧客方案如何創造與捕捉商業價值	商業模式
Action Plan　團隊成員／資金需求／運作方式	行動方案

❸ 完整演說（Full Presentation）

完整演說的目的是在充分的時間下，完整說明新創事業計畫書（BP），促成創投業者對新創事業的承諾，最後採取簽約行動投資新創事業。

完整演說的時間從半小時到一小時皆有可能，通常發生在創投業者已經認同新創團隊的展示演說，並經過幾輪的討論後，對新創事業有一定程度的投資意願，開始進行盡職調查（Due Diligence），簡稱 DD，除了向新創團隊索取完整的新創事業計畫書外，創投者經常會請新創團隊對創投評估團隊進行完整的 BP 簡報，查驗新創事業的實際現況與未來規劃，確認雙方都沒有問題後才會簽約。就像男女朋友經過一段時間的相戀，雙方都有一定程度的承諾，並對雙方的過去、現在與未來攤開討論與瞭解，最後才會決定結婚。下表為以 NSDB 為基礎之完整 BP 簡報的內容大綱。

[表六：完整 BP 簡報的內容大綱]

封面：標題、提案對象、提案單位、時間		
大綱：簡報內容大綱		
顧客需求 N	源起	提案背景、動機與內外環境分析
	市場分析	市場現況與趨勢、主要競爭者
	目標市場	市場區隔、目標市場設定與規模
	顧客需求	目標顧客描述與顧客需求分析
解決方案 S	方案雛型	以圖形、影視或動畫的方式呈現方案
	方案分析	方案如何滿足顧客需求
特色差異 D	技術分析	支持方案特性之技術及可行性
	競爭分析	以差異化分析說明方案的競爭優勢
	智慧財產權	申請或擁有的智慧財產權
產生效益 B	使用效益	顧客使用方案所產生的效益
	商業效益	顧客購買方案為企業所產生的收益
商業模式：以價值主張為核心的獲利模式		
行銷規劃：如何擴展目標市場的行銷策略		
財務規劃：資金需求、經費分配、未來 1-3 年的收支預估		
資源運用	新創團隊	新創團隊核心成員與資經歷
	組織	組織架構與人力分配
	時間	實施時間表、里程碑、階段目標成果
風險管理：可能的風險因素、因故無法施行的替代方案、緊急應變方案		

⏳ 什麼是商業模式？

　　如同創新的基礎為價值主張，創業的基礎為商業模式。就價值創造的觀點而言，創新的目的在於創造顧客價值，價值主張則在於說明顧客價值的根本，而商業模式的目的在捕捉商品的商業價值，進而為企業持續創造價值。因此商業模式及其創新是企業，特別是新創事業，得以永續經營的關鍵，商業模式必須視市場變化及經營狀況而隨時調整，達到創新商業模式的目的。然而，許多的企業主及經營主管因為不瞭解什麼是商業模式，沒有充分掌握企業或商品的商業模式，亦即商業模式的根據、結構、關係、優勢及劣勢，因而錯失商業模式創新的契機。

　　商業模式一詞首見於 1950 年代，對於 1990 年代開始廣泛使用。一般人對商業模式的定義為一個事業創造營收（Revenues）與利潤（Profits）的手段與方法。但是如此簡述的定義容易使企業的經營思維淪入只有考量如何賺錢的陷阱，而忽略事業永續經營所需要投入的資源及基礎設施。為此，開放式創新的提倡者 Chesbrough 提出商業模式的要素：

❶ 確認市場區隔

❷ 闡述顧客方案的價值主張

❸ 注重方案的關鍵屬性

❹ 定義方案提供的價值鏈

❺ 設定顧客付款的方式

❻ 建立商業模式能持續運作的價值網絡

為讓商業模式易於設計與創新，商業模式顧問 Alexander Oster-walder 開發出商業模式畫布（Canvas），如圖九所示，此畫布以顧客方案的價值主張為中心，闡述商業模式的四大構面及九個要素彼此之間的關係與流程，表六說明商業模式的九大要素之內涵。企業可以就提供顧客每一項商品的價值主張為核心，以商業模式畫布的架構，解析既有商業模式，或者設計新的商業模式，進而達成創新商業模式的目的。商業模式畫布通常用於解釋商業模式如何為企業創造與捕捉商業價值：

1/ **顧客價值創造企業收益：**企業根據價值主張區隔顧客需求，透過顧客關係及經銷管道提供目標顧客有價值的商品，其所建立的連結關係，將因顧客的購買為企業帶來利潤。

2/ **創造價值需要關鍵資源與活動：**企業必須連結合作夥伴、安排關鍵資源與從事關鍵活動，以實現對顧客的價值主張。

3/ **關鍵資源產生成本：**企業成本來自於每日運行的活動執行、維持夥伴關係的資源投入。

4/ **評估商業模式可行性：**比較獲利收入與成本的差異及來源，評估商業模式獲利的程度，了解商業模式創造企業價值的可行性。

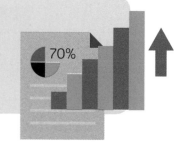

[圖九：商業模式畫布]

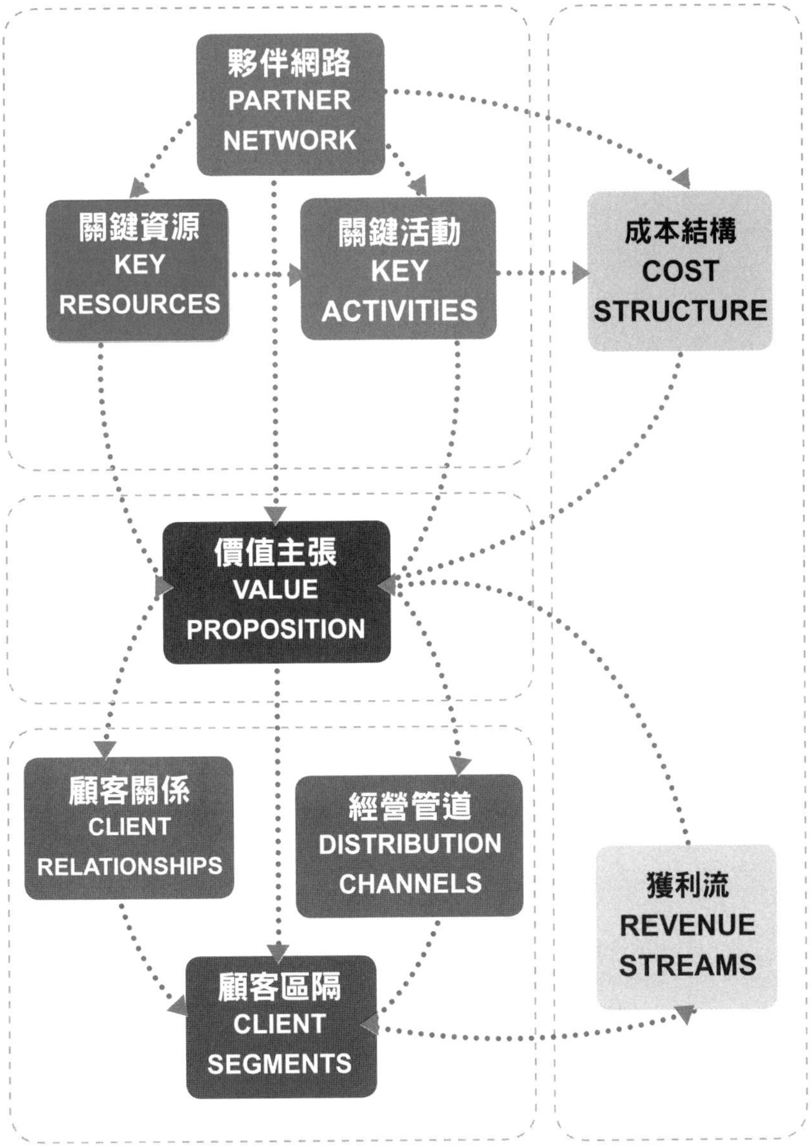

夥伴網路
PARTNER
NETWORK

關鍵資源
KEY
RESOURCES

關鍵活動
KEY
ACTIVITIES

成本結構
COST
STRUCTURE

價值主張
VALUE
PROPOSITION

顧客關係
CLIENT
RELATIONSHIPS

經營管道
DISTRIBUTION
CHANNELS

獲利流
REVENUE
STREAMS

顧客區隔
CLIENT
SEGMENTS

★ 改自於 Osterwalder & Pigneur（2010）

[表六：商業模式畫布的說明]

構面	要素	說明
方案提供	**價值主張**	公司可以提供給顧客具有實用效益的服務
顧客	**顧客區隔**	公司提供價值與服務給具有共同特質的顧客群
顧客	**經銷管道**	與顧客進行溝通和銷售的管道
顧客	**顧客關係**	公司與顧客建立之連結與關係
基礎設施	**關鍵活動**	為創造顧客價值，一再重複執行各種作業，可能包括：銷售、服務、訓練、研發、製造、規劃等
基礎設施	**關鍵資源**	創造顧客價值所必需的人員、技術、產品、設施、設備、通路與品牌等，重點在為顧客與公司創造價值的部份
基礎設施	**夥伴網絡**	兩個或多家公司協議合作的網絡
財務	成本結構	總結商業模式運作的財務投入
財務	獲利流	描述賺錢的收入流程

　　圖十則以需要低溫、冷凍物流的廠商為對象，運用商業模式畫布所解析出來的「全溫層物流」商業模式。值得注意的是，這不是「以營利為目的」的商業模式，因為工研院本身為政府所支持的應用研究機構，主要任務為協助產業的創新發展，商業模式皆以技術移轉廠商為主，而不是直接與客戶進行商業交易，避免「與民爭利」。

[圖十：商業模式範例 - 全溫層物流方案]

夥伴網絡	關鍵資源	價值主張	顧客關係	顧客區隔
• 蓄冷片與蓄冷箱元件供應商 • 冷凍設備供應商 • 物流監控元件供應商	• 蓄冷片與蓄冷箱 • 物流監控元件 • 冷凍設備 **關鍵活動** • 設計及提供客製化的多溫共配系統 • 技術移轉 • 維修及服務	最具環保、最省成本、最具配送效率的多溫共配方案	• 可靠、滿意的方案提供 **經銷管道** • 主動拜訪廠商 • 技術移轉	需要低溫、冷凍物流的廠商

成本結構	獲利流
• 成立方案提供單位之人力與維運成本 • 多溫共配方案模組與元件成本 • 智慧財產權、技術移轉與服務維護成本	• 技術移轉收益 • 技術服務收益

運用「NSDB」設計創新的商業模式

　　商業模式的創新就是根據商品的價值主張改變既有的商業模式，或者設計全新的商業模式，目的在於提升及延續商品為企業創造的商業價值。Johnson、Christensen與Kagermann等學者在其「商業模式再創新」一文中論述，企業在構思商業模式之前，需要一張藍圖，思考什麼是企業的市場機會，如何能夠滿足顧客想要真正把工作做好的需求，再畫出一張藍圖，描述企業如何在有利潤的情況下，滿足那種需求。藍圖構成要素包括價值主張、利潤公式、關鍵資源、關鍵流程，並且比較藍圖上的那個模式與企業目前的模式，了解要改變多少才能夠抓住新的市場機會，這麼做才會知道是否可以運用現有的商業模式與基礎設施，或必須成立新事業單位來實現新的商業模式，為企業創造新價值。

　　在商業模式畫布上，任何一個要素的改變都意謂著商業模式的可能創新，但是任何商業模式要素的改變，若不能為企業創造價值，也就是獲利如果少於成本，就達不到創新的目的。套用 NSDB 的邏輯思維，圖十一中商業模式的創新主張就是「提出滿足企業價值需求（N）的商業模式（S），並透過與既有商業模式的差異化（D），為企業創造最大的價值（B）」。

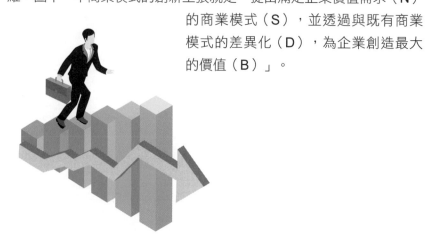

[圖十一：商業模式的創新主張]

- 確定企業價值需求（Needs） (N)
- 提出商業模式（Solution） (S)
- 藉由差異化（Differentiation） (D)
- 產生最大價值（Benefits） (B)

連結
N-S-D-B
創造企業
價值

　　企業價值需求來自企業所要達成的營運績效，企業為了永續生存，必須不斷檢視及評估既有商業模式是否可以為企業持續創造價值，否則當企業的營收無法超越經營成本，企業是難以生存的。

　　舉 Apple 公司為例，1997 年賈伯斯被請回 Apple 擔任 CEO，重新執掌公司的營運，就是因為當時 Apple 既有商品及其商業模式的營收已無法支持公司的存續，所以賈伯斯上任後，急欲開發新的商品及新的商業模式。而賈伯斯推出的第一個突破性創新商品就是 iPod，就音樂隨身聽產品而言，iPod 僅是 MP3 播放器在技術上的漸進式創新，若是在音樂隨身聽市場與同類產品競爭，iPod 能夠為 Apple 創造的價值有限。然而賈伯斯的遠見似乎不止於此，其打造了 iTunes 的數位音

樂播放與銷售平台，開創全新音樂隨身聽的商業模式，如圖十二所示。不同於其他音樂隨身聽產品以軟硬體分開的技術創新為主，賈伯斯整合軟硬體與服務平台於一身的音樂隨身聽方案，造就市場性創新的商業模式，當然「iPod + iTunes」方案所創造的價值遠超過 iPod 產品與 iTunes 服務分開銷售，也因此才讓 Apple 的營運起死回生、重振 Apple 的聲譽。

[圖十二：iPod 音樂隨身聽的商業模式]

夥伴網絡	關鍵資源	價值主張	顧客關係	顧客區隔
• 唱片公司 • 硬體生產商	• 電子商務 • 歌曲智權 • 歌曲	「引領風尚的隨身音樂享受」	• 引領風尚 • 品牌忠誠	追求風尚的音樂聽眾
	關鍵活動 • 軟硬體研發、設計、發展 • 品牌管理 • 硬體經銷 • 音樂經銷		**經銷管道** • Apple stores • iPod 銷售商 • iTunes	

成本結構	獲利流
• iPod 的經營成本 • iTunes 的建置與維護費用 • 付給數位音樂提供商的費用	• iPod 收入 • 歌曲下載收入

　　從商業模式創新的觀點而言，iPod 真正的創新在於讓數位音樂下載變得非常便利且便宜，音樂愛好者可以以單曲下載的模式購買喜歡的音樂，不再需要以傳統方式購買整張專輯，而且 iTunes 無所不有的音樂庫，也讓使用 iPod 的聽眾可以隨心所欲地選擇及享受真正喜歡的音樂，加上這些歌曲都是版權所有者的合法授權，音樂聆聽者也不用耽心下載音樂的版權問題。此外，iPod 時尚的產品設計及 iTunes 前所未有的商業模式設計，使得 iPod 的使用成為風尚，真正實現了 iPod「引領風尚的隨身音樂享受」的價值主張。

　　更重要的是，此創新的商業模式為 Apple 注入除 iPod 銷售之外龐大的獲利流，Apple 不僅成為全世界最大的數位音樂經銷商，將整合軟硬體、數位內容及服務平台的商業模式沿用於「iPhone + App Store」，也為 Apple 寫下一章另人讚嘆的創新傳奇，更造就以「實體產品 + 平台服務」方案為主的商業模式現今在各個商業領域的浪潮。

附錄 進一步閱讀的參考文獻

- Levitt, T. (2006). Ted Levitt on Marketing. Boston: Harvard Business School Press.

- Maslow, A. H. (1943). A Theory of Human Motivation. Psychological Review, 50(4), 370-396.

- Christensen, C. M. (1997). The Innovator's Dilemma: When New Technologies Cause Great Firms to Fail. Boston: Harvard Business Review Press.

- Carlson, C. R., & Wilmot, W. W. (2006). Innovation: The five disciplines for creating what customers want. New York: Crown Business.

- Charan, R. and Tichy, N. (2000). Every Business Is a Growth Business: How Your Company Can Prosper Year After Year. New York: Times Books.

- Ulwich, A. W. (2005). What Customers Want: Using Outcome-Driven Innovation to Create Breakthrough Products and Services. New York: McGraw-Hill.

- Porter, M. E. (1085). Competitive Advantage. New York: The Free Press.

- Chesbrough, H. W. (2006). Open Innovation: The New Imperative for Creating and Profiting from Technology. Boston: Harvard Business Press.

- Osterwalder, A. and Pigneur, Y. (2010). Business Model Generation: A Handbook for Visionaries, Game Changer, and Challengers. New York: Wiley.

- Johnson, M. W., Christensen, C. C.& Kagermann, H. (2008). Reinventing Your Business Model. Harvard Business Review. 87. 52-60.

- Kelly, T.（2008），《IDEO 物語》，徐鋒志譯，台北市：大塊文化出版。

- 王之杰、楊方儒、張育寧、蔡佳珊 (2008)，《預見科技新未來》，台北市：天下文化。

Note

有訓練有交代？沒有績效，再多訓練都是枉然！

只要有「訓練」就可以提升產出？大錯特錯！無效的訓練菜單，只會讓員工學到對工作無用的技巧，還會讓主管誤以為是員工不認真學習，因而減少訓練投資，形成惡性循環……唯有訂定有效的訓練，才是王牌主管真本事！

讓對的人做對的事，就是成功達成績效的開始！

試想叫愛因斯坦挑戰演藝圈，或是讓麥可傑克森朝物理學術領域前進……上述兩種假設，無論何者結果想必都讓人不忍卒睹吧！企業內人才也是一樣，因此王牌主管該做的，就是找出每個下屬的專長，發揮超過 100% 的效益！

從單一角度思考決策，
絕對無法達成績效目標！

頭痛醫頭，腳痛醫腳，是新手主管在做決策時的通病，但絕非長久之計。一個組織需要各種齒輪彼此配合，才能得到產出，若有任一環節出錯，便會出現連鎖效應，因此得要協調得宜，這便得考驗王牌主管的工夫才行！

全書共 25 堂的績效管理帶人學，
讓你心態從「員工」正式升級為「主管」，
把「老闆想要的結果」和「員工能做的事情」完美結合，
奉行績效為王的準則，你就是公司不可或缺的致勝王牌！

我們生活在瞬息萬變的世界，
「未來」已不再是「過去」的延伸，
只要搞懂現今產業的分秒變化，
就是你對未來生活最有意義的投資！

只要把握機會，
就能擁有未來！

捷徑文化 出版事業有限公司
Royal Road Publishing Group
購書資訊請電洽：(02)27525618

科技╳財務╳資料蒐集╳策略分析，
用最科學化的方法規劃你未來的人生！

錯估產業趨勢、忽視產業變化，就是賠上未來！

誰料想得到曾經的世界手機領導廠牌 NOKIA，會在一夕間被 IPHONE 超車；又誰會曉得科幻電影中的 VR、無人駕駛車，有天竟能如實呈現在眼前；更不用說行動支付、人工智慧、區塊鏈……

產業分析專家引領，帶你搭上通往未來的特快車！

由產業分析專家——王鳳奎教授，以最科學化的方法，將思維模式從點拉長到線，再擴展到面，全方位預測未來動向，上一堂「洞悉未來先修課」，才能比他人更快取得先機，贏在起跑點上！

在這個低薪資、高物價的「現在」，

你不必感到無力和挫折；

只要把握機會，洞悉改變產業的齒輪動向，

就能擁有不可限量的「未來」！

通識課 *005*

為什麼你的點子賺不了錢？

創業人╳行銷人╳研發人╳企劃人╳管理人都必修的11堂創意變現課

作　　　者	王鳳奎◎著
顧　　　問	曾文旭
總 編 輯	王毓芳
編輯統籌	耿文國、黃璽宇
主　　編	吳靜宜
執行主編	姜怡安
執行編輯	李念茨、林妍珺
美術編輯	王桂芳、張嘉容
封面設計	西遊記裡的豬
法律顧問	北辰著作權事務所　蕭雄淋律師、幸秋妙律師

初　　版	2019年05月
出　　版	捷徑文化出版事業有限公司—資料夾文化出版
電　　話	（02）2752-5618
傳　　真	（02）2752-5619
地　　址	106 台北市大安區忠孝東路四段250號11樓-1

定　　價	新台幣300元／港幣100元
產品內容	1書

總 經 銷	知遠文化事業有限公司
地　　址	222新北市深坑區北深路3段155巷25號5樓
電　　話	（02）2664-8800
傳　　真	（02）2664-8801

港澳地區總經銷	和平圖書有限公司
地　　址	香港柴灣嘉業街12號百樂門大廈17樓
電　　話	（852）2804-6687
傳　　真	（852）2804-6409

▲本書圖片由 Shutterstock提供。

捷徑 Book站

現在就上臉書（FACEBOOK）「捷徑BOOK站」並按讚加入粉絲團，
就可享每月不定期新書資訊和粉絲專享小禮物喔！
http://www.facebook.com/royalroadbooks
讀者來函：royalroadbooks@gmail.com

國家圖書館出版品預行編目資料

為什麼你的點子賺不了錢？ / 王鳳奎著. -- 初版.
-- 臺北市：捷徑文化, 2019.05
　　面；　公分
ISBN 978-957-8904-69-9(平裝)

1.企業管理 2.創意

494.1　　　　　　　　　108004124